Fertigungsqualität Inkjet-gedruckter metallischer Messgitter

Manufacturing Quality of Inkjet-Printed Metallic Measuring Grids

Von der Fakultät für Maschinenwesen
der Rheinisch-Westfälischen Technischen Hochschule Aachen
zur Erlangung des akademischen Grades eines
Doktors der Ingenieurwissenschaften
genehmigte Dissertation

vorgelegt von

Matthias Rehberger

Berichter/in:

Univ.-Prof. Dr.-Ing. Dipl.-Wirt.-Ing. Johannes Henrich Schleifenbaum
Univ.-Prof. Dr.-Ing. Kai-Uwe Schröder

Tag der mündlichen Prüfung: 14. März 2024

ERGEBNISSE AUS DER ADDITIVEN FERTIGUNG

Matthias Rehberger

Fertigungsqualität Inkjet-gedruckter metallischer Messgitter

Herausgeber:
Univ.-Prof. Dr.-Ing. Dipl.-Wirt.-Ing. Johannes Henrich Schleifenbaum

dap Digital Additive Production | RWTH AACHEN UNIVERSITY

Bibliografische Information der Deutschen Nationalbibliothek
Die Deutsche Nationalbibliothek verzeichnet diese Publikation in der Deutschen Nationalbibliografie; detaillierte bibliografische Daten sind im Internet über https://portal.dnb.de abrufbar.

Matthias Rehberger:

Fertigungsqualität Inkjet-gedruckter metallischer Messgitter

1. Auflage, 2024

Gedruckt auf holz- und säurefreiem Papier, 100% chlorfrei gebleicht.

Wissenschaftsverlag des Instituts für Industriekommunikation und Fachmedien an der RWTH Aachen
Steinbachstr. 25, 52074 Aachen
Internet: www.apprimus-verlag.de, E-Mail: info@apprimus-verlag.de

Druck: CPI Druckdienstleistungen GmbH
Ferdinand-Jühlke-Straße 7 | 99095 Erfurt

ISBN 978-3-98555-230-6

D 82 (Diss. RWTH Aachen University, 2024)

Zusammenfassung

Additive Fertigungsverfahren haben sich im produzierenden Gewerbe innerhalb der letzten Jahre erfolgreich etabliert. Die Stärken liegen in der individuellen Produktion kleiner Stückzahlen bis Losgröße 1, erweiterten konstruktiven und gestalterischen Möglichkeiten, sowie einer werkzeuglosen Fertigung auf Basis digitaler Daten. Entscheidend für den wirtschaftlichen Erfolg ist neben den Kosten auch immer die erzielbare Fertigungsqualität. Bei der Herstellung Inkjet-gedruckter metallischer Messgitter, wie diese z.B. in Dehnungsmessstreifen (DMS) zum Einsatz kommen, unterliegen die erzielbaren elektrischen Eigenschaften einer großen Streuung und damit einer unzureichenden Fertigungsqualität.

Nach aktuellem Stand von Wissenschaft und Technik liegt die Streuung elektrischer Kenngrößen Inkjet-gedruckter Messgitter meist im zweistelligen Prozentbereich. Die untersuchten Messgitter können die Anforderungen an typische Messaufgaben nur unzureichend erfüllen. Angepasste Messgitterkonfigurationen mit unterschiedlichen Leiterorientierungen, wie sie in DMS-Rosetten und DMS-Vollbrücken angewendet werden, sind für eine additive Herstellung mittels Inkjet unzureichend oder gar nicht systematisch untersucht. Die Zielsetzung dieser Arbeit besteht daher in der Entwicklung eines angepassten Inkjet-Druck-Verfahrens, um unter Berücksichtigung der Messgitterorientierung die Fertigungsqualität von DMS-Messgittern zu steigern.

Zur Zielerreichung und Entwicklung neuer Lösungsstrategien wird Wissen über Transportmechanismen in flüssigen Schichten, sowie der Einfluss der Druckrichtung auf die Schichtmorphologie von DMS-Messgittern genutzt. Diese Lösungsstrategien sind ohne Modifikation der eingesetzten Systemtechnik oder Werkstoffe umsetzbar und basieren auf digitaler Datenaufbereitung der zu druckenden Bildinformationen. Die entwickelten Methoden beruhen auf 1) einem Mehrlagendruck zur Unterdrückung von Materialtransport in flüssigen Schichten, 2) Rotationsgittern für die verlustfreie Bildtransformation von Druckvorlagen und 3) hexagonalen Gittern zur Erweiterung der Freiheitsgrade bei der Auslegung von Messgittern durch eine Erhöhung der rotatorischen Symmetrieachsen.

Für DMS-Vollbrücken mit zwei Messgitter-Orientierungen wird eine Reduktion der elektrischen Brückenverstimmung von 32,37 % auf 1,04 % gezeigt und Dickenschwankungen in getrockneten Schichten werden reduziert. Anhand von DMS-Rosetten wird erstmals der Inkjet-Druck unter Berücksichtigung von drei Messgitter-Orientierungen gezeigt und ein Benchmark aufgestellt. Dieser beträgt 9,37 % für Delta-Rosetten und 1,50 % für Rechtwinkel-Rosetten. Die in dieser Arbeit entwickelten Methoden zur Qualitätssteigerung können zukünftig vielfältige technologische Verbesserungen in der additiven Fertigung sensorischer Messgitter und leitfähiger Strukturen ermöglichen. Der datengestützte methodische Ansatz verspricht eine einfache Integration in bestehende und neue digitale Prozessketten mit kurzen Innovationszyklen. Bei einer erfolgreichen Weiterentwicklung wird ein enormes wirtschaftliches Potential erwartet.

Summary

Additive manufacturing processes have successfully established themselves in the manufacturing industry in recent years. The strengths are in the individual production of small quantities up to batch size 1, expanded constructional and design possibilities, as well as tool-free production based on digital data. In addition to the costs, the achievable production quality is always decisive for economic success. In the production of inkjet-printed metallic measuring grids, such as those used in strain gauges, the achievable electrical properties are subject to a large variation and thus to insufficient manufacturing quality.

According to the current state of science and technology, the variation of electrical properties of inkjet-printed measuring grids is usually in the tens of percent range. The investigated measuring grids can only insufficiently fulfil the requirements of typical measuring tasks. Adapted measuring grid configurations with different conductor orientations, as used in strain gage rosettes and full-bridge strain gages, are either insufficiently or not at all systematically investigated for additive manufacturing by inkjet. The objective of this work is therefore to develop an adapted inkjet printing process to increase the manufacturing quality of strain gage grids while taking the grating orientation into account.

Knowledge about transport mechanisms in liquid layers as well as the influence of the printing direction on the layer morphology of strain gauge measuring grids is used to achieve the objective and to develop new solution strategies. These solution strategies can be implemented without modification of the system technology or materials used and are based on digital data preparation of the image information to be printed. The methods developed are based on 1) multi-layer printing to suppress material transport in liquid layers, 2) rotational grids for loss-free image transformation of print patterns and 3) hexagonal grids to increase the degrees of freedom in the design of measurement grids by increasing the rotational symmetry axes.

For full-bridge strain gages with two measurement grid orientations, a reduction of the electrical bridge detuning from 32.37 % to 1.04 % is shown and thickness variations in dried layers are reduced. Based on rosette strain gages, inkjet printing with three measuring grid orientations is shown for the first time and a benchmark is established. This is 9.37 % for delta rosettes and 1.50 % for rectangular rosettes. The quality enhancement methods developed in this work can enable a wide range of technological improvements in the additive manufacturing of sensory measurement gratings and conductive structures in the future. The data-based methodological approach promises easy integration into existing and new digital process chains with short innovation cycles. Enormous economic potential is expected if further development is successful.

Danksagung

Die vorliegende Dissertation entstand neben meiner Tätigkeit als wissenschaftlicher Mitarbeiter am Fraunhofer-Institut für Lasertechnik ILT. Nachfolgend möchte ich mich bei all jenen bedanken, die mich während dieser Zeit begleitet und unterstützt haben. Ein besonderer Dank gilt Herrn Prof. Dr.-Ing. Dipl.-Wirt.-Ing. Johannes Henrich Schleifenbaum für die Überlassung des Themas und die Betreuung der Arbeit. Zudem danke ich Herrn Prof. Dr.-Ing. Kai-Uwe Schröder für die Übernahme des Zweitgutachtens und Herrn Prof. Dr.-Ing. Thomas Bergs für die Übernahme des Prüfungsvorsitzes.

Ich möchte mich auch bei Dr. Konrad Wissenbach, Dr. Jochen Stollenwerk und Dr. Christian Vedder für die wissenschaftlichen Diskussionen, Ratschläge sowie das konstruktive Feedback bedanken. Hervorheben möchte ich meinen Dank an meinen langjährigen Bürokollegen Dr. Jonas Mertin für die gemeinsame Zeit und umfangreiche fachliche und nicht-fachliche Diskussionen, die stets von Kreativität und Humor geprägt waren. Weiterhin bedanke ich mich bei allen aktuellen und ehemaligen Mitgliedern der Arbeitsgruppe „Thin Film Processing“ des Fraunhofer ILT für die Zusammenarbeit in der „Drucker-Kolonne“, den Austausch mit „den Dünnschicht-Dissern (DDD)“, sowie die Zeit im Labor, in der Caféte oder wo auch immer wir dünne Schichten diskutiert haben. Vielen Dank an Jana Kelbassa, Rebar Hama-Saleh und Dr. Jan Bremer für das beständige gegenseitige Motivieren in den Diss-Runden und an Simon Vervoort für das Treiben des Themas „Sensorintegration“ auch über die Grenzen der Arbeitsgruppen hinweg. Ebenso herzlichen Dank an das Team des Elektronik-Labors sowie Nicole Weigerding aus der Bibliothek des Fraunhofer ILT für exzellente Bereitstellung von Literatur. Ich danke allen von mir betreuten studentischen Abschlussarbeitenden und wissenschaftlichen Hilfskräften für die anhaltende Unterstützung. Stellvertretend hervorheben möchte ich Niklas Hahn, Matthias Mitlacher, David Bosma (geb. Hexels), Mia Heufken und Marcel Heinen.

Daneben möchte ich mich bei Martin Noll von der i4M technologies GmbH, Ralf Lanfermann von der ATESTEO GmbH & Co. KG sowie Udo Könsgen von der Hottinger Brüel & Kjaer GmbH und den Mitgliedern des Gremiums VDI/VDE-GMA FA 4.51 - Elektrische Messverfahren DMS Messtechnik bedanken, die mich mit zahlreichen Hintergrundinformationen unterstützt haben.

Meiner Familie und ganz besonders meinen Eltern danke ich für die allwährende Unterstützung und das in mich gesetzte Vertrauen. Zuletzt möchte ich meiner Frau Theresa danken. Danke für Deinen Rückhalt, Zuspruch und Ansporn. Danke für unsere wundervollen Kinder. Danke für Deine unendliche Geduld.

Würselen, August 2024

Matthias Rehberger

Inhalt

1 Motivation und Zielstellung der Arbeit

Die druckbasierte Herstellung metallischer Messgitter in dieser Arbeit lässt sich verfahrensseitig zwei Themengebieten zuordnen: Erstens der additiven Fertigung (engl. Additive Manufacturing AM) und zweitens der gedruckten Elektronik (engl. Printed Electronics PE). Durch eine Steigerung der Fertigungsqualität lässt sich die Entwicklung innovativer Komponenten mit integrierter Sensorik und elektrischen Funktionalitäten voranbringen. Zur Erhaltung und Sicherung des Wohlstandes in einem exportorientierten Hochlohnland wie Deutschland kommt der Innovationsfähigkeit im produzierenden Gewerbe eine besondere Bedeutung zu [1]. Das steigende Bedürfnis nach einer erhöhten Produktvielfalt muss dabei in Einklang mit Wirtschaftlichkeit und einem geringen ökologischen Fußabdruck gestillt werden. AM-Verfahren mit denen sich Bauteile durch Auf- oder Aneinanderfügen von Volumenelementen, vorzugsweise schichtweise, automatisiert herstellen lassen [2], konnten sich in diesem Spannungsfeld erfolgreich behaupten [3]. So konnte der Markt für AM seit 2004 jährlich um durchschnittlich 20 Prozent wachsen [4] und beziffert 2020 ein Volumen von 12,6 Mrd. USD, wobei mit einem Anstieg auf über 37 Mrd. USD bis 2026 gerechnet wird [5].

Als wesentliche Entwicklungstreiber für AM von einem Tool zur schnellen Prototypenentwicklung hin zur massenhaften Produktion von Einzelteilen sind folgende zwei Charakteristika anzusehen: Die losgrößenunabhängige Herstellung und die erhöhte Wirtschaftlichkeit bei steigender Komplexität der Bauteilgeometrie [2]. Die hohe Nachfrage aus weiteren Anwendungsgebieten zur Nutzung dieser Vorteile schlägt sich auf der einen Seite in der Entwicklung von Anlagen und Materialien zur Nutzung neuer Werkstoffe nieder. Auf der anderen Seite werden hybride Ansätze zur Integration (bislang noch nicht) additiv gefertigter Funktionselemente verfolgt, um beispielsweise aktive elektrische und elektronische Komponenten und Systeme, wie Sensoren, einzubetten [6].

Die Entwicklungen im Bereich PE konnten insbesondere in den letzten Dekaden von neu verfügbaren Nanomaterialien profitieren [7, 8]. Nanopartikuläre Metalltinten lassen sich unter Verwendung digitaler Drucktechnologien (beispielweise Inkjet) in dünnen Schichten (< 1 µm) zur Erzeugung leitfähiger Strukturen wie Leiterbahnen oder Sensoren aufbringen. Dies geschieht meist auf polymeren Substraten wie Folien [9]. Einhergehend mit hohem Potential für den Einsatz in Leichtbauanwendungen ist diese Technologie bereits bei der Fertigung von Displays und in der Photovoltaik erprobt und zeichnet sich durch seine Skalierbarkeit aus. Im Vergleich zu konventioneller Halbleitertechnologie ist bei PE von geringen Produktionskosten, kürzeren Taktzeiten und einem verminderten Einsatz umweltgefährdender Materialien bei einem Faktor 10 bis 100 geringen Investitionskosten auszugehen [7]. 2015 betrug der Markt für PE bereits 3,1 Mrd. USD mit einem zu erwartenden Anstieg auf 20,7 Mrd. USD in 2025 [10].

Mit voranschreitender Entwicklung der Fertigungsverfahren und neuen verfügbaren Materialien und Werkstoffen wird die Abgrenzung zwischen AM und PE immer unschärfer. Die technologische Schnittmenge beider Bereiche nimmt zu, was in einer Vielzahl neuer Möglichkeiten mündet: Neue Produkte und Produktionsverfahren werden ermöglicht und Prozessketten werden flexibel, digital und resilient. Auf Basis von CAD-Modellen lassen sich Produktdesigns aus multiplen Werkstoffen konstruieren und digital herstellen. Bauteile mit integrierter Sensorik für ein Structural Health Monitoring helfen die Sicherheit in autonomen Verkehrsmitteln zu verbessern, den Ressourceneinsatz in der Luftfahrt sowie Windkraftanlagen zu verringern und damit einen Beitrag zur Nachhaltigkeit zu leisten. Doch mit dem Betreten neuer technologischer Anwendungsbereiche steigen auch die Anforderungen an die Fertigungsqualität, wie es sich am Beispiel additiv gefertigter Dehnungsmessstreifen verdeutlichen lässt.

Digitale Fertigungsverfahren wie Inkjet-Druck weisen beim Herstellen der metallischen, elektro-sensorischen Messgitter von Dehnungsmessstreifen große Fertigungstoleranzen auf, sodass die für eine präzise Messung notwendigen erzielbaren elektrischen Widerstände einer großen Schwankungsbreite unterliegen. Die übergeordnete Zielsetzung dieser Arbeit besteht daher in der Entwicklung eines angepassten Inkjet-Druck-Verfahrens, um die Fertigungsqualität von DMS-Messgittern zu steigern und die Schwankungsbreite eine Größenordnung zu reduzieren.

Zur Erreichung dieser Zielsetzung werden zunächst - auf Basis des derzeitigen Standes von Wissenschaft und Technik - wissenschaftliche Fragestellungen hinsichtlich der Einflussfaktoren auf die Fertigungsqualität erarbeitet. Darauf aufbauend wird eine Vorgehensweise zur Bearbeitung dieser Fragestellungen abgeleitet und umgesetzt. Diese umfasst die Ausarbeitung mehrerer neuartiger Druck-Strategien. Abschließend werden diese experimentell evaluiert und die elektrischen Schichteigenschaften untersucht, um abschließend das Anwendungspotenzial des entwickelten Inkjet-Druck-Verfahrens zu beurteilen.

2 Stand von Wissenschaft und Technik

In den folgenden Abschnitten wird der derzeitige Stand von Wissenschaft und Technik bezüglich Dehnungsmessstreifen und deren additiver Fertigung mittels Inkjet-Drucks dargestellt. Zunächst werden Dehnungsmessstreifen und ihre Funktionsweise als resistive Sensoren vorgestellt. Beschreibungen der Brückenschaltungen für die Messdatenerzeugung und der Installation auf metallische Bauteile erweitern das Bild der Anforderungen, die an eine Herstellung von Dehnungsmessstreifen und insbesondere deren metallischer Messgitter zu stellen sind. Darauf folgt eine Vorstellung des Inkjet-Drucks als additives Fertigungsverfahren dünner Metallschichten und ein Überblick von Sinterverfahren zur Nachbehandlung partikulärer Schichten. Im Anschluss werden zwei Ansätze zur additiven Herstellung von Dehnungsmessstreifen, Foliensysteme und direkt bauteilverbundene Dehnungsmessstreifen, dargestellt.

Zusammenfassend werden in Kap. 3 die Defizite des aktuellen Standes von Wissenschaft und Technik aufgeführt. Darauf basierend wird die Zielsetzung der Arbeit in Forschungsfragen konkretisiert und eine methodische Vorgehensweise zur Beantwortung dieser hergeleitet.

2.1 Dehnungsmessstreifen

Nach Norm VDI/VDE 2635 Blatt 1 ist ein Dehnungsmessstreifen (DMS) wie folgt definiert: „Auf einem elektrisch isolierenden Träger gebundenes metallisches Messgitter zur Erfassung von dehnenden und stauchenden Verformungen.“ [11] Die Anwendung von DMS ist dabei nicht auf die Messung von Dehnungen beschränkt. DMS eignen sich zum Bau von Aufnehmern zur Bestimmung mechanischer Größen wie Kraft, Druck oder Drehmoment. [12] Neben dem Aufnehmerbau werden DMS in der experimentellen Spannungsanalyse eingesetzt, bei der aus gemessenen Dehnungen die mechanischen Spannungen eines Messobjekts ermittelt und dadurch Rückschlüsse auf dessen Beanspruchungen gezogen werden können [12].

Dehnungsmesstreifen können je nach Anwendung und Anforderung in unterschiedlicher Wirkungs- und Herstellungsweise realisiert werden, wie z.B. metallische DMS, Halbleiter DMS, aufgedampfte (Dünnfilm-) DMS, kapazitive DMS, piezoelektrische DMS, spannungsoptische DMS oder mechanische DMS [13]. Zusätzlich können die DMS in unterschiedlichen Bauformen hergestellt werden, sodass eine große Variantenvielfalt existiert.

Fokus der vorliegenden Arbeit sind metallische DMS, genauer Folien-DMS, bei denen das Messgitter aus einer metallischen Folie hergestellt wurde. Als Werkstoffe dieser Folie kommen Kupfer-Nickel-Legierungen (Markennamen Konstantan, Isotan) sowie Chrom-Nickel-Legierungen (Markennamen Karma, Modco) zum Einsatz. Das Träger- und Abdeckmaterial ist Polyimid (PI). Die folgenden Beschreibungen zu konventionellen DMS beziehen sich auf Folien-DMS aus PI und Konstantan. Diese Werkstoffe für Träger und Messgitter finden die größte Verbreitung [12].

2.1.1 Eine historische Rückschau

Auf Basis der Kenntnisse von Georg Simon Ohm über die in einem Stromkreis gültigen Zusammenhänge von Strom, Spannung und Widerstand im Jahre 1827 [14] entwickelte der Engländer C. Wheatstone im Jahr 1843 eine elektrische Schaltung mit der es erstmals möglich war, trotz Instabilitäten der damals vorhandenen Spannungsquellen, Widerstände in elektrischen Leitungsdrähten zu messen [15]. Auch eine mögliche Eignung der Schaltung zur Messung kleiner Widerstandsänderungen, wie sie durch Dehnungsänderungen ausgelöst werden können, deutete Wheatstone an. Dies wurde jedoch erst durch Thomson 1856 systematisch untersucht und eine Proportionalität zwischen Dehnung und Widerstandsänderung festgestellt [16]. 1908 untersuchte St. Lindeck Manganindraht zur Entwicklung von Präzisionswiderständen und demonstrierte eine Druckmessung mittels eines mit Manganindraht umwickelten und mit Innendruck beaufschlagten Rohres [17]. Eine Variation der Drahtwerkstoffe wurde systematisch von E. Czerlinsky durchgeführt. Der Mitarbeiter der Deutschen Versuchsanstalt für Luftfahrt in Berlin-Adlershof stellte die besondere Eignung von Konstantan als metallisches Drahtmaterial fest [18].

Die eigentliche Erfindung des Dehnungsmessstreifens erfolgte nahezu zeitgleich von zwei unterschiedlichen Personen, welche in keiner Verbindung zueinander standen [19]. 1936 analysierte E.E. Simmons als studentischer Mitarbeiter an der Westküste der USA, am California Institute of Technology (Caltech), das Verhalten von Metallen bei Schlagbeanspruchung mittels Spannungs-Dehnungs-Diagrammen [12]. Eine Publikation über die Experimente und die dabei verwendeten Messtechniken wurde erst 1938 veröffentlicht [20]. Hierzu hatte Simmons ein Dynamometer mit Widerstandsdrähten aus Konstanten erweitert. Dieses messtechnische Konzept wurde 1940 zum Patent angemeldet [21].

Prof. Arthur C. Ruge untersuchte im Jahre 1938 an Ostküste der USA am Massachusetts Institute of Technology (MIT) das Verhalten von Wassertanks bei Erdbeben anhand von Modellversuchen [19]. Während übliche mechanische und optische Methoden zur Messung der Werkstoffbeanspruchung eines dünnwandigen Tankmodells auf einem Rütteltisch versagten, führte das Aufkleben eines dünnen Messdrahtes aus einem Potentiometer zum Erfolg und lieferte reproduzierbare Messergebnisse [22]. Ruge befestigte den Messdraht mäanderförmig auf einer Trägerfolie, sodass eine einfache Handhabung und ein Aufkleben an beliebigen Positionen möglich wurden [13].

Der Patentanmeldung 1940 durch Simmons [21] ging eine Einigung voraus, die auch Ruge als Erfinder akzeptierte. Diese schlägt sich in dem als Markenzeichen registrierten Produktnamen nieder: SR-4. S und R steht für Simmons bzw. Ruge und 4 für die Anzahl der an der Einigung beteiligten Personen Tatnall, Clark, deForest und Hathaway [23].

2.1.2 Physikalische Funktionsweise metallischer Dehnungsmessstreifen

DMS mit metallischem Messgitter ändern bei Verformungen ihren elektrischen Widerstand [15, 16] und werden daher als resistive Sensoren bezeichnet. Der elektrische Widerstand R eines homogenen Leiters mit der Länge L, dem Querschnitt A und dem spezifischen Widerstand ϱ ist nach [24]

$$R = \varrho \frac{L}{A}. \quad (1)$$

Der von Wheatstone und Thomson gefundene Dehnungs-Widerstands-Effekt beruht zum einen auf der geometrischen Verformung des Leiters und zum anderen auf einer Änderung des spezifischen Widerstands des Leiterwerkstoffes infolge von Gefügeänderungen [13]. Mit dem elektrischen Widerstand R, der Dehnung $\varepsilon = \Delta L/L$ und der Querkontraktionszahl (kurz: Querzahl) ν kann die Widerstandsänderung ausgedrückt werden als [13]

$$\frac{dR}{R_0} = \underbrace{\varepsilon\,(1+2\nu)}_{\text{geometrischer Anteil}} + \underbrace{\frac{d\varrho}{\varrho}}_{\text{Gefüge-Anteil}} . \quad (2)$$

Bild 1 stellt die geometrische Änderung eines Leiters und damit den geometrischen Anteil dar. Bei einer Änderung der Leiterlänge um ΔL nimmt der Leiterquerschnitt um ΔA ab und wird durch die Querzahl ν beschrieben.

Bild 1: Elektrischer Leiter unter mechanischer Verformung: Ein Leiter der Länge L und Querschnitt A. Eigene Darstellung nach Wikipedia (DMS)

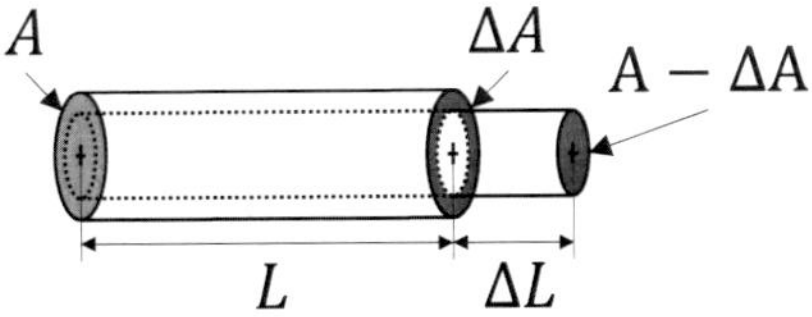

Wie ein Gummiband an dem gezogen wird, wird der Leiter länger, aber gleichzeitig auch schmaler und dünner [13]. Die Querzahl ist werkstoffabhängig und liegt für Metalle bei $\nu \approx 0{,}3$ [13]. Für einen DMS ist ein Ansprechverhalten vorteilhaft, bei dem der Gefüge-Anteil sehr viel kleiner ist als der geometrische Anteil, um eine möglichst lineare Widerstands-Dehnungs-Charakteristik zu erhalten. Dies kann durch die Wahl des Leiterwerkstoffs beeinflusst werden. Konstantan wird dieser Forderung gerecht und zeichnet sich zusätzlich durch einen geringen Temperaturkoeffizienten aus [18].

<u>Dehnungsempfindlichkeit (k-Faktor)</u>

Unter Annahme einer linearen Widerstands-Dehnungs-Charakteristik und eines vernachlässigbar kleinen Temperaturkoeffizienten kann die Dehnungsempfindlichkeit (k-Faktor) eines metallischen DMS angegeben werden als [13]

$$k = \frac{\Delta R/R}{\Delta L/L} = \frac{\Delta \mathrm{R/R}}{\varepsilon}. \tag{3}$$

Für metallische Werkstoffe liegt dieser Faktor bei $k \approx 2$ [12].

Messgittergeometrie

Die geometrische Änderung des Leiters (vgl. Bild 1) und damit die resistive Änderung des DMS unter typischer Krafteinwirkung kann sehr klein ausfallen [13]. Eine Verlängerung des Leiterdrahtes im Messgitter führt allerdings nicht zu einer höheren Empfindlichkeit. Diese ist durch den k-Faktor definiert und auf die Leiterlänge normiert [13]. Die Verwendung einer Mäanderform ermöglicht die Abtastung einer Fläche. Der DMS bildet dabei den Mittelwert des unter seinem Messgitter vorhandenen Dehnungszustandes [13]. Durch lange Messgitter können Fehler bei Messungen an inhomogenen Werkstoffen verringert werden. Durch die Mittelwertbild sinkt jedoch das laterale Auflösungsvermögen bei der Messung. Die Wahl der Messgitterlänge und des abgetasteten Bereiches soll daher für jede Messaufgabe angemessen gewählt sein. Schon die ersten DMS der Erfinder Simmons und Ruge wurden mit mehreren Windungen in einer Mäanderform aufgebracht [13, 20, 25], ein Design, welches sich in der ersten DMS Patentschrift wiederfindet [21]. Bis heute liegt dieses Design in der Messgittergeometrie typischer metallischer DMS zugrunde (siehe Bild 2).

Bild 2: Konventioneller Folien-Dehnungsmessstreifen, eigene Darstellung nach [12]

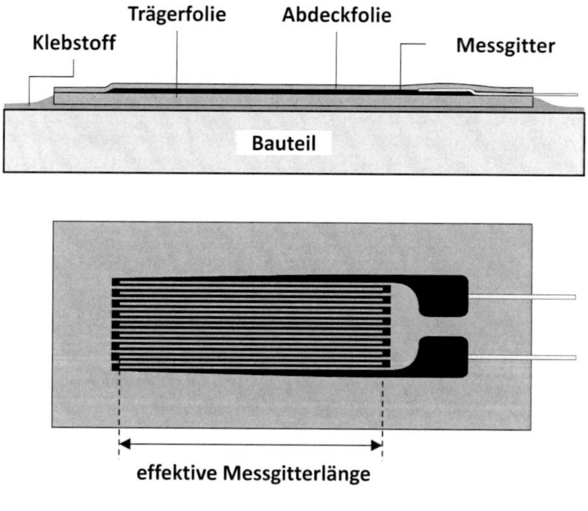

Anhand von Bild 2 nach Keil ist der grundsätzliche Aufbau eines Folien-DMS erläutert, wie er heute in großen Stückzahlen für unterschiedliche Anwendungen eingesetzt wird [12]. Die metallische Messgitterfolie erhält über einen photochemischen Ätz-Prozess ihre Gestalt und ist mit einer polymeren Trägerfolie unterlegt sowie abgedeckt (vgl. Kap 2.1.4) [12]. Voraussetzung für eine Dehnungsmessung mittels DMS ist die verlustfreie Übertragung der Dehnung des zu untersuchenden Objektes auf das Messgitter [13]. Dies erfordert eine flächenhafte Verbindung (vgl. Kap. 2.1.5) zwischen DMS und Messobjekt, welche durch spezielle Klebstoffe hergestellt wird.

Ein DMS ist dazu bestimmt, die in Längsrichtung seines Messgitters auftretende mechanische Dehnung zu messen. Durch die Dehnung wird eine Widerstandsänderung im Messgitter des DMS bewirkt und damit eine messbare Verstimmung der elektrischen Brückenschaltung (vgl. Kap. 2.1.3), in der sich der DMS befindet [12]. Widerstandsänderungen im DMS können aber auch durch andere Einflüsse wie z.B. thermische Einflüsse und Kriecheffekte hervorgerufen werden [12].

Die gebräuchlichen Widerstandswerte für ein DMS-Messgitter liegen bei 120 Ω, 350 Ω, 700 Ω und 1000 Ω, bei Toleranzen von < 1 %. Ebenso liegen die Toleranzen für DMS-Vollbrücken (vgl. Kapitel 2.1.3) oder die Verstimmung von Wheatstone Brückenschaltungen zur Nutzung von DMS-Rosetten (vgl. Kapitel 2.1.6) bei < 1 %.

2.1.3 Wheatstonesche Brückenschaltung

Relative Widerstandsänderungen von DMS betragen typischerweise ca. 10^{-4} bis 10^{-2} Ω/Ω [13] und können mittels Wheatstonescher Brückenschaltung (WB) mit großer Genauigkeit bestimmt werden [13, 15, 16] S.144.

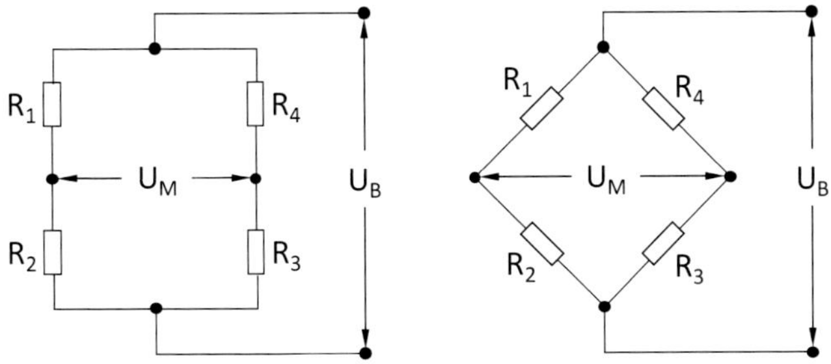

Bild 3: Schaltbilder der Wheatstoneschen Brückenschaltung nach [13]. (links) einfache Darstellung (rechts) in der DMS-Technik übliche, auf C.Wheatstone zurückgehende rhombusartige Darstellung

Bild 3 zeigt die WB mit ihren vier Widerständen R_1 ... R_4 sowie die Speisespannung U_B und die Messspannung U_M. Legt man eine Brückenspeisespannung U_B an, wird diese Spannung in den beiden Brückenhälften R_1, R_2 und R_4, R_3 im Verhältnis der Brückenwiderstände aufgeteilt, d. h. jede Brückenhälfte bildet einen Spannungsteiler [13]. Die abfallende Messspannung U_M ist durch die Verhältnisse der Widerstände bestimmt und lässt sich normiert auf die Speisespannung U_B schreiben als [26]

$$\frac{U_{\mathrm{M}}}{U_{\mathrm{B}}} = \frac{R_1}{R_1 + R_2} - \frac{R_4}{R_3 + R_4}. \tag{4}$$

Das Verhältnis $U_{\mathrm{M}}/U_{\mathrm{B}}$ wird auch als Brückenverstimmung bezeichnet [13, 26]. Für den Fall, dass

$$R_1 = R_2 = R_3 = R_4 \tag{5}$$

oder

$$\frac{R_1}{R_2} = \frac{R_4}{R_3} \tag{6}$$

ist die Brücke abgeglichen. Es gilt:

$$\frac{U_{\mathrm{M}}}{U_{\mathrm{B}}} = 0 \tag{7}$$

Werden ein oder mehrere feste Widerstände der Brückenschaltung durch DMS, ersetzt, lassen sich relative Widerstandsänderungen durch z.B. mechanische Verformung in ein Signal der Messbrücke überführen. Unter den Annahmen, dass die Brücke aus vier DMS des gleichen Widerstandswertes R_i gebildet wird, die Widerstandsänderungen der DMS klein sind gegenüber dem Ausgangswiderstand ($\Delta R_i \ll R_i$) sowie der Berücksichtigung von Gleichung (3), lässt sich für die Messspannung folgender Zusammenhang herleiten [13]:

$$\frac{U_{\mathrm{M}}}{U_{\mathrm{B}}} = \frac{k}{4}(\varepsilon_1 - \varepsilon_2 + \varepsilon_3 - \varepsilon_4) \tag{8}$$

Gleichung (8) ist gültig für eine sogenannte DMS-Vollbrücke. Werden nicht alle Widerstände in der WB durch einen DMS dargestellt, wird die WB durch eine Ergänzungsschaltung vervollständigt. Dies erfolgt im Messgerät durch zuschaltbare Festwiderstände und ist in Bild 4 dargestellt [12]. Inwieweit eine Voll-, Halb- oder Viertelbrückenschaltung für das Messen mit DMS anzuwenden ist, hängt unmittelbar von der konkreten Messaufgabe ab [13, 26].

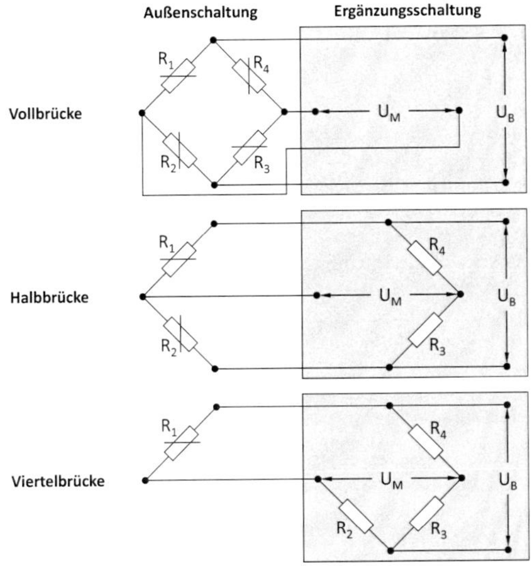

Bild 4: Voll-, Halb- und Viertelbrückenschaltung für das Messen mit DMS, eigene Darstellung nach [12]

Bild 4 illustriert die Aufteilung der Widerstandelemente einer WB in die Außenschaltung und die Ergänzungsschaltung. Während die Außenschaltung durch DMS-Messgitter veränderlicher Widerstände dargestellt wird, sind die Widerstände der Ergänzungsschaltung als konstant ausgeführt und soweit möglich von Störeinflüssen abgeschirmt. Namensgebend für die Messbrücke ist die Anzahl der außen liegenden Widerstandselemente, die Ergänzungsschaltung komplettiert die WB.

2.1.4 Herstellung von Dehnungsmessstreifen

DMS werden von diversen Herstellern wie z.B. HBK (HBM), Micro Measurements (Vishay), Zemic, Kyowa oder Celago Sensors produziert. Dabei kommen unterschiedliche Herstellungsverfahren zum Einsatz. Diesen ist gemeinsam, dass das Messgitter auf einen Träger gebunden ist, der zu einem späteren Zeitpunkt auf das Bauteil appliziert wird. Eine direkte Herstellung auf einem Bauteil ist meist nicht umsetzbar, bzw. erfordert das Ein- und Ausschleusen des Bauteils in eine Vakuumapparatur. Dies ist jedoch mit Limitierungen hinsichtlich Bauteilgröße, Inline-Prozessfähigkeit und Kosten verbunden. Im Folgenden werden die Laminiertechnik und die Dünnfilmtechnik als verbreitete Herstellungsverfahren beschrieben. Zwar ist die Aufzählung nicht vollständig und insbesondere in der Dünnfilmtechnik existiert eine Vielzahl weiterer Möglichkeiten zu Herstellung, jedoch wird der grundsätzliche Charakter der Herstellungsverfahren mit den technischen Möglichkeiten und Limitierungen dargestellt.

2.1.4.1 Laminiertechnik

Als Ausgangsmaterial für das Messgitter von Folien-DMS wird eine gewalzte ca. 5 µm dicke Folie aus Konstantan verwendet. Diese wird vor der Verarbeitung durch Wärmebehandlungen an den linearen Wärmeausdehnungskoeffizienten des Bauteilwerkstoffes angepasst, auf dem der Sensor appliziert werden soll [27]. Nach der thermischen Anpassung wird die Metallfolie mit einer Polyimidschicht von ca. 25 µm Dicke kaschiert. Diese dient als Trägerschicht und auch als Isolierung zwischen der Metallfolie und dem Bauteil, auf das sie später aufgebracht wird. Die gewünschte Messgittergeometrie wird photochemisch erzeugt. Die noch offene Seite der Metallfolie wird zunächst mit Fotolack beschichtet, dann mit einer Negativmaske des entsprechenden Messgittermotivs abgedeckt, belichtet und entwickelt. Nach dem Durchlaufen eines Ätzbades verbleibt von der Metallfolie nur das gewünschte Messgitter wie in Bild 5 a) schematisch dargestellt [27].

Charakteristisch für die DMS-Herstellung mittels Laminiertechnik ist die Verwendung von Masken und der Einsatz von Chemikalien für das Ätzen. Liegt die Belichtungs-Maske einmal vor, können damit in großer Stückzahl DMS hergestellt werden.

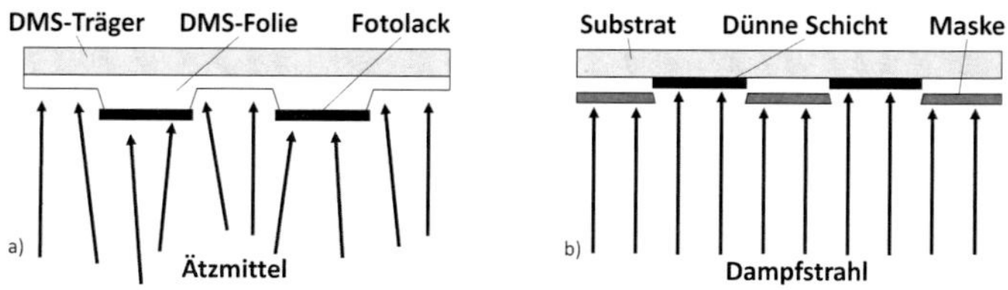

Bild 5: a) Fotoätzen von Folien-DMS. b) Strukturbildung mittels Masken beim thermischen Aufdampfen. Eigene Darstellung nach [28]

2.1.4.2 Dünnfilmtechnik

Zur Aufbringung dünner Schichten bei der DMS-Herstellung beschreibt Werner Ort 1977 die Technik des Aufdampfens. Dabei wird unter Hochvakuum von wenigstens 10^{-6} mbar der in einem Tiegel befindliche aufzudampfende Werkstoff erhitzt. Aus der Oberfläche der Schmelze im Tiegel treten kontinuierlich Atome hoher Geschwindigkeit aus und können sich im Vakuum gradlinig fortbewegen. Der so gebildete gerichtete Dampfstrahl kondensiert beim Auftreffen auf ein Substrat niedriger Temperatur und bildet eine Aufdampfschicht [29, 30]. Zur Herstellung von DMS wird der Prozess mit unterschiedlichen Werkstoffen wiederholt, um Schichten wie eine großflächige Isolationsschicht, Leiterbahnen, das Messgitter sowie Haft- und eine Abdeckschicht herzustellen. Dabei kommen, wie in Bild 5 b) gezeigt, Masken zum Einsatz, die die Strukturbildung übernehmen [28]. Neben dem thermischen Aufdampfen beschreibt Ort das Aufsputtern unter einer Niederdruckatmosphäre als weitere Möglichkeit zur Herstellung dünner Schichten [28, 31]. Beim Sputtern werden Atome (nicht thermisch) von einer Oberfläche verdampft, indem der Impuls von beschossenen energetischen Teilchen in Atomgröße übertragen wird. Die energetischen Teilchen sind dabei in der Regel Ionen eines gasförmigen Materials, die in einem elektrischen Feld beschleunigt werden [32].

Diese und eine Gruppe weiterer vakuumbasierter Beschichtungsverfahren werden unter dem Begriff physikalische Gasphasenabscheidung (englisch physical vapour deposition, kurz PVD) zusammengefasst. Ihnen ist gemein, dass die Materialaufbringung in einer Vakuumkammer erfolgen muss. Typische PVD-Abscheideraten liegen bei 1 - 10 nm pro Sekunde. Der Materialauftrag erfolgt vollflächig oder wird mittels Masken räumlich selektiv eingestellt [32]. Mittels Laserabtrag lassen sich bei einer vollflächigen Beschichtung nachträglich beliebige Strukturen freistellen um z.B. ein DMS-Messgitter zu erzeugen [33 bis 36]. Laserabtrag kann darüber hinaus genutzt werden, um den Zielwiderstand eines Messgitters präzise einzustellen. Beim sogenannten Lasertrimmen wird unter kontinuierlicher Messung des elektrischen Widerstandes so lange Material abgetragen, bis der Zielwiderstand erreicht ist [28, 37].

Charakteristisch für die DMS-Herstellung mittels Dünnfilmtechnik ist die Nutzung einer Vakuumkammer für die Materialbeschichtung und Masken zur Steuerung des Materialauftrags. Alternativ zur Verwendung von Masken kann in einem zusätzlichen Laserabtrags-Prozess das Material in die Zielgeometrie freigestellt werden.

2.1.5 Installation von Folien-Dehnungsmessstreifen auf metallische Bauteile

Der Installation, d.h. der Schaffung einer flächenhaften Verbindung zwischen Folien-DMS und der Oberfläche des Messobjektes, kommt eine besondere Bedeutung zu. Wichtige Kenngrößen wie k-Faktor und Temperaturgang (vgl. Kap. 2.1.2) sind im Grunde genommen Kenngrößen der Messstelle und die Messeigenschaften können erst durch die Installation aktiviert werden. Eine fehlerhafte Installation kann weitreichende Folgen haben wie die Verfälschung der Messergebnisse bis hin zu einem Versagen der Messstelle. Daher sollte die Installation nur von Personal mit handwerklichem Geschick und dem notwendigen Spezialwissen durchgeführt werden [12].

Je nach Einsatzzweck kommen bei der Installation von Folien-DMS unterschiedliche Klebstoffe bzw. Befestigungsmittel zum Einsatz. Die gebräuchlichsten Klebstoffe etwa sind Cyanoacrylat, Methyacrylat, Epoxidharz- oder auch Phenolharz-Klebstoffe. Die Klebstoffe können nach der Verarbeitung im ausgehärteten Zustand in der Filmdicke variieren und das Ansprechverhalten einer Messstelle beeinflussen.

Man unterscheidet in Heiß- und Kaltklebeverfahren. Epoxidharz- und Phenolharz-Klebstoffe können erst bei erhöhter Temperatur vollständig polymerisieren [12]. Beim Heißklebeverfahren werden die Folien-DMS auf dem aufgetragenen Klebstoff positioniert und abschließend unter Anpressdruck (typischerweise durch eine Klammer oder ähnliche Anpressvorrichtung) in einem Ofen ausgehärtet. Die angewendeten Temperatur-Zeit-Verläufe zur Aushärtung des Klebstoffes können bis zu mehreren Stunden andauern [12]. Im Heißklebeverfahren aufgebrachte DMS können auch bei Temperaturen von über 100 °C eingesetzt werden und bieten eine erhöhte Langzeitstabilität.

Ist das Messobjekt nicht klein genug oder kann wegen seiner Temperaturempfindlichkeit nicht in einen Ofen verbracht werden, wird auf das

Kaltklebeverfahren mit Cyanoacrylat- oder Methyacrylat-Klebstoff zurückgegriffen. Um die wesentlichen Herausforderungen bei der Installation zu illustrieren, seien im Folgenden die typischerweise notwendigen Installationsschritte beim Aufkleben eines Folien-DMS mittels Cyanoacrylatklebstoff auf ein Messobjekt aus Stahl aufgelistet [12]. Diese Kombination aus DMS-Typ, Klebstoff und Bauteilwerkstoff orientiert sich an der vorkommenden Häufigkeit und stellt daher einen praxisnahen Anwendungsfall dar.

Schritt 0 - Vorbereitung des Folien-DMS (Durchzuführen unter sauberen Laborbedingungen, provisorisches Zusammenfügen von DMS, Anschlussbändchen und Lötstützpunkten sowie Anbringen einer Installationshilfe aus Klebeband)

Schritt 1 - Aufrauen der gereinigten und entfetteten Messstelle

Schritt 2 - Sorgfältige Endreinigung

Schritt 3 - Anzeichnen der vorgesehenen DMS-Position

Schritt 4 - Positionieren des vorbereiteten DMS

Schritt 5 - Auftragen des Cyanoacrylatklebers

Schritt 6 - Verteilen des Klebers zu einer dünnen Schicht mittels Teflonstreifen

Schritt 7 - Andrücken des DMS mit Daumen (zwischengelegte Teflonfolie)

Schritt 8 - Anlöten der DMS-Bändchen und der Leitungen am Lötstützpunkt

Schritt 9 - Abdecken nach sorgfältigem Entfernen der Lötflussmittelreste

Eine ausführliche Beschreibung der Schritte ist in Anhang 10.1 aufgeführt.

Insgesamt wird der Anteil der Kosten des DMS als gering im Vergleich zu den Aufwänden der Installation einer Messstelle an den Gesamtkosten eingeschätzt [12]. Der Installationsaufwand ist daher als wesentlicher Faktor anzusehen, der eine wirtschaftliche Nutzung von Dehnungsmessstreifen in Komponenten und Geräten beim Endnutzer limitiert.

2.1.6 Messung von zweiachsigen Spannungszuständen mit unbekannten Hauptrichtungen

Ein typisches Szenario in der experimentellen Spannungsanalyse bildet der Fall eines zweiachsigen Spannungszustandes, dessen Hauptrichtungen unbekannt sind. Zur messtechnischen Bestimmung dieses Spannungszustandes sind drei voneinander unabhängige Dehnungsmessungen in unterschiedlichen Richtungen erforderlich [38]. Diese können mit Hilfe von DMS-Rosetten, definiert als eine Anordnung von mehreren, nahe beieinander liegenden DMS-Gittern mit unterschiedlicher Ausrichtung, bestimmt werden. Eine Auswahl typischer DMS-Rosetten Anordnungen sind in Bild 6 dargestellt.

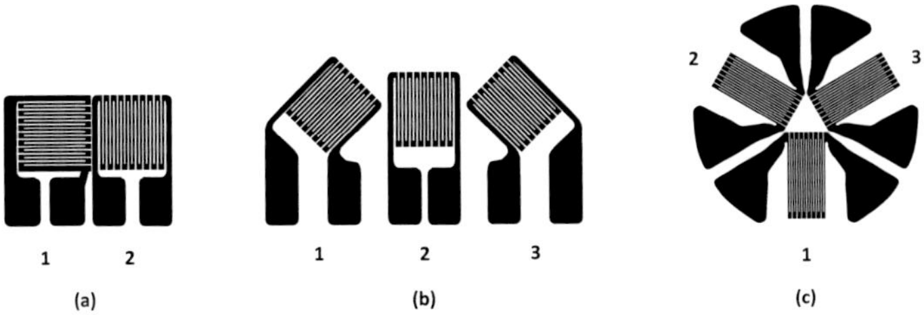

Bild 6: Typische DMS-Rosetten
(a) T-Rosette
(b) 0°/45°/90°-Rosette
(c) 0°/60°/120°-Rosette. Eigene Darstellung nach [38]

Für die Messung von zweiachsigen Spannungszuständen mit unbekannten Hauptrichtungen haben sich zwei Arten von Rosetten etabliert, die 0°/45°/90°-Rosette sowie die 0°/60°/120°-Rosette. Die Berechnung der Hauptnormalspannungen für die 0°/60°/120°-Rosette erfolgt nach folgender Gleichung [13]:

$$\sigma_{1,2} = \frac{E}{1-\nu} \cdot \frac{\varepsilon_a + \varepsilon_b + \varepsilon_c}{3} \pm \frac{E}{1+\nu} \sqrt{\left(\frac{2\varepsilon_a - \varepsilon_b - \varepsilon_c}{3}\right)^2 + \frac{1}{3}(\varepsilon_b - \varepsilon_c)^2}$$

Die Hauptnormalspannungen können folglich aus den Kennwerten E-Modul E und der Querzahl ν sowie den gemessenen Dehnungen $\varepsilon_a \dots \varepsilon_c$ bestimmt werden. Die Bestimmung der Hauptnormalspannungen ist in der Regel von größter Bedeutung, da sie die beiden unter einem Winkel von 90° zueinander stehenden Spannungsextreme in der Oberfläche eines Objektes bei einem ebenen (d.h. flächenhaften) Spannungszustand angeben [13].

2.2 Drop-on-Demand Inkjet-Druck von nanopartikulären Metalldispersionen

Der Begriff „Inkjet-Druck“ oder auch „Tintenstrahldruck“ beschreibt eine Gruppe von digitalen, kontakt- und maskenfreien Druckverfahren. Bei diesen werden kleine, frei fliegende Flüssigkeitströpfen erzeugt, die mit definierter Größe, Richtung und Geschwindigkeit auf ein Substrat auftreffen [39] (S.6). [40] Stephen F. Pond gibt in seinem Buch folgende Definition an [41] (S.1):

"When a process or product is described as inkjet, drops of liquid are fired from a device driven by electronic signals. All inkjet processes share this one quality."

Diese Beschreibung greift die digitale Natur des Verfahrens auf, bei dem elektronische Signale (erzeugt nach einem digitalen Modell) die Bildung diskreter Tröpfchen veranlassen. Das Druckbild setzt sich aus vielen einzelnen diskreten Tröpfchen zusammen, die auf ein Substrat auftreffen. Das zu druckende Muster wird nicht in einer physischen Form, z. B. auf einer Rolle, einer Platte oder einem Sieb, realisiert und von dieser Vorlage während des Druckvorgangs auf das Substrat übertragen [42]. Stephen D. Hoath beschreibt in seinem Buch diesen Aspekt wie folgt [42] (S.1):

"Each small droplet, typically 10-100 µm in diameter, is created and deposited under digital control, so that each pattern printed in a sequence by the same machine can just as readily be different from all the others as it can be the same."

Üblicherweise werden zwei Mechanismen der Tröpfchen-Erzeugung beim Inkjet-Druck unterschieden. Beim *Continuous Inkjet* (CIJ) wird kontinuierlich und unabhängig vom Bedarf an Tröpfchen für das Druckmuster ein Strom von Tröpfchen erzeugt. Nicht benötigte Tröpfchen werden aufgefangen, ohne dass sie das Substrat erreichen. Die Flugbahn der Tröpfchen kann z.B. durch elektrische Felder oder Luftströmungen beeinflusst werden, sodass nur für das Druckmuster benötigte Tröpfchen das Substrat erreichen [41 bis 45].

Beim Drop-on-demand (DoD) Inkjet-Druck werden die Tröpfchen hingegen nur bei Bedarf erzeugt. Die gebräuchlichsten Mechanismen basieren auf einer Volumenreduzierung einer mit Tinte gefüllten Kammer durch eine thermisch induzierte Erzeugung einer Dampfblase oder eine piezoelektrische Verformung mindestens einer Wand der Kammer [45 bis 47]. Im Falle des piezoelektrischen DoD Inkjet Drucks kann weitergehend nach Modi wie Push, Squeeze, Bend oder Shear unterschieden werden, welche die Art der Kammerverformung beschreiben [43]. Ein Überblick der Inkjet Technologien nach [41, 43, 45, 48, 49] ist in Bild 7 dargestellt.

Bild 7: Inkjet Technologien nach [41, 43, 48, 49]

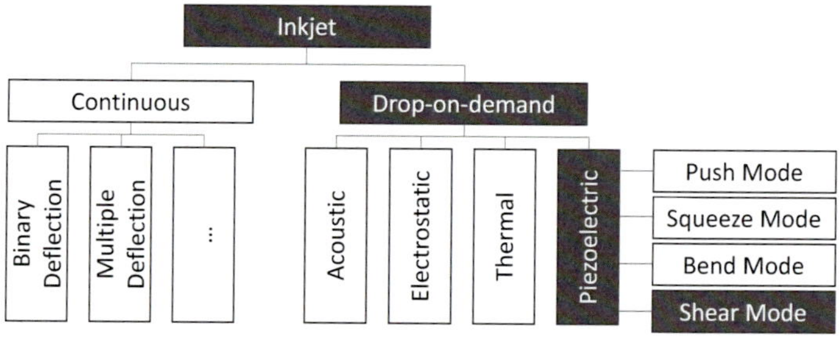

Exemplarisch ist die Technologie des in Bild 7 markierten piezoelektrischen DoD-Inkjet-Drucks nach dem Shear-Mode-Funktionsprinzip in Bild 8 illustriert. Bild 8a zeigt einen Querschnitt durch die Piezokristalle eines Druckkopfes aus Richtung der Düsenöffnung. Unterhalb des Querschnitts ist jeweils eine Seitenansicht des Druckkopfes dargestellt. Zwei Piezokristalle umschließen die Tintenkammer und führen bei Anlegen einer Spannung eine Scherdeformation aus. So vergrößert oder verkleinert sich abhängig von der Polung das Innenvolumen der Tintenkammer (Bild 8), was zu dem Auswurf eines Tintentröpfchens führt. Wird der Piezokristall spannungsfrei geschaltet kehrt er wieder in seine Ausgangsposition zurück (Bild 8d) [50]. Der Öffnungsdurchmesser der Düse beträgt typischerweise wenige 10 µm [51 bis 53].

Bild 8: Schematische Darstellung des Shear-Mode-Funktionsprinzips. Eigene Darstellung nach [50]

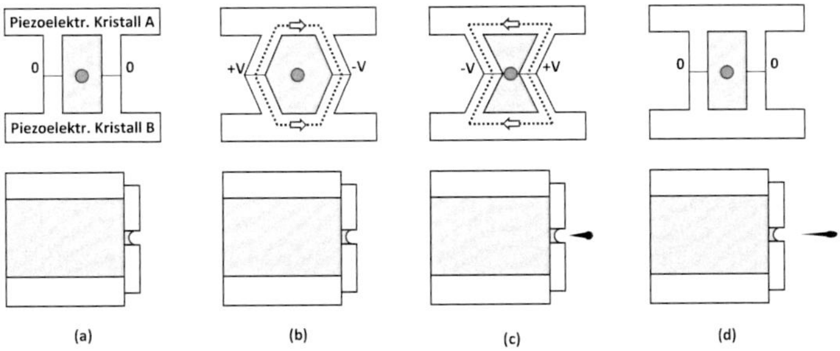

Schon mit der ersten kommerziellen Anlage im Jahre 1951 lag die Anwendung für Inkjet-Druck in einer grafischen Darstellung [54]. Der Mingograf diente zur Aufzeichnung eines elektrischen Messsignals als Graph auf einem Endlospapier [41]. Bis heute stellt das Bedrucken unterschiedlichster Substrate mit Farbtinten zur Erzeugung von Text oder Bildern den überwiegenden Anteil der Anwendungen von Inkjet-Druck dar [41, 42, 44, 55].

In den letzten Jahren sind immer weitere Funktionstinten entwickelt und kommerziell verfügbar geworden. Im Unterschied zu Tinten für den grafischen Druck, bei denen die Erzeugung von Bild und Text durch Farb-Tinten im Vordergrund steht, können Funktionstinten z.B. spezifische strukturelle, biologische, chemische, optische oder elektrische Eigenschaften aufweisen [56].

Nanopartikuläre Metalldispersionen als Funktionstinten können genutzt werden, um metallische, elektrisch leitfähige Strukturen mittels Inkjet aufzudrucken [57 bis 60]. Bei den Tinten handelt es sich um Dispersionen von metallischen Nanopartikeln in organischen Lösungsmitteln. Um die Verdruckbarkeit zu gewährleisten, müssen insbesondere die Partikelgröße der enthaltenen Metallpartikel und die Fließeigenschaften des Lösungsmittels auf den Druckkopf abgestimmt sein. Nur Tinten mit hinreichend geringer Viskosität sind geeignet. Bei Düsendurchmessern von wenigen 10 µm [51 bis 53] und der Faustformel, dass die Partikelgröße mindestens zwei Größenordnungen weniger als der Düsendurchmesser betragen soll [48], liegt die gängige Partikelgröße typischerweise unter 100 nm. Die Viskosität liegt in der Größenordnung von 10 mPas [51, 52].

Das Funktionsprinzip des Tintenstrahldrucks lässt sich in drei wesentliche Verfahrensschritte gliedern [61, 62]:

1. Die Erzeugung frei fliegender Tröpfchen (Bild 9 Phase I und II)

2. Die Positionierung bzw. das Auftreffen der Tröpfchen auf sowie die Wechselwirkung mit dem Substrat (Bild 9 Phase III und IV)

3. Die Verdunstung des Lösungsmittels bzw. die Trocknung der Schicht (Bild 9 Phase IV und V)

Diese Verfahrensschritte sind in Bild 9 schematisch dargestellt. Im Druckkopf werden durch elektronische Signale Tintentröpfchen erzeugt. Dieser Prozess kann mit einer oder mehreren Düsen erfolgen, welche individuell ansteuerbar sind. Um die Fließeigenschaften der Tinte beeinflussen zu können, sind die Druckköpfe in der Regel beheizbar, denn die Viskosität gängiger Lösungsmittel ist temperaturabhängig [63]. Die Positionierung der Tröpfchen, also die Position, an der die Tröpfchen das Substrat erreichen, wird ebenfalls über elektronische Signale gesteuert, da Substrat oder/und Druckkopf in der Regel über Achssysteme kontrolliert bewegbar sind. Trifft ein Tröpfchen auf das Substrat auf, breitet er sich in Abhängigkeit seines Volumens und seiner Geschwindigkeit, der Viskosität der Tinte und der Oberflächenenergien sowohl der Tinte als auch des Substrats oder dessen Beschichtung aus. Ist der Abstand mehrerer nebeneinander gedruckter Tröpfchen klein genug für eine Überlappung bzw. einem Kontakt der Flüssigkeitsoberfläche, kann es zur sogenannten Koaleszenz kommen. Dabei fließen mehrere Tröpfchen ineinander und bilden einen gemeinsamen Flüssigkeitsfilm.

Bild 9: Verfahrensschritte beim Inkjet-Druck nach [62]

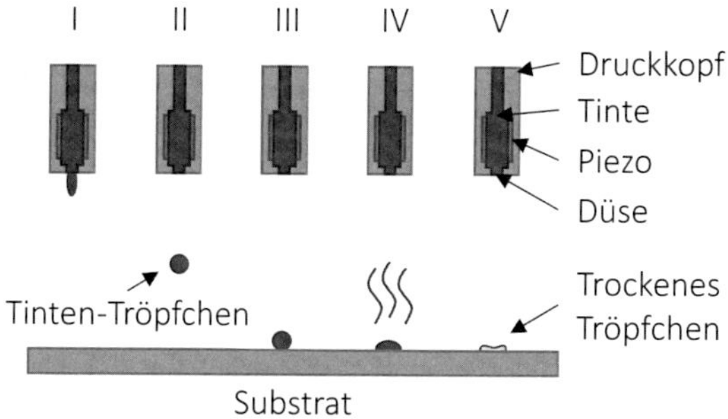

Beim grafischen Inkjet-Druck werden die Koaleszenz der Tröpfchen und die weitere Fluiddynamik in der Regel durch die Wahl geeigneter saugfähiger Substrate gesteuert, um ein Verwischen der Farben und damit eine verminderte Bildqualität zu verhindern [41]. Bei den meisten Anwendungen des funktionalen Drucks werden nicht saugfähige Substrate verwendet, und die Interaktion der Tröpfchen, die Linien oder komplexere Muster bilden, ist von großer Bedeutung [61]. Als letzter Schritt erfolgt die Trocknung der Schicht unter Verdunstung des enthaltenen Lösungsmittels, sodass ein Film aus metallischen Nanopartikeln verbleibt. Weitere nachgelagerte Verarbeitungsschritte wie eine Sinterung zur Erzeugung durchgehender elektrischer Leitfähigkeit werden in Kapitel 2.3 beschrieben.

Neben der verfahrensseitigen Beschreibung des Inkjet-Drucks sind für eine konsistente Beschreibung in den folgenden Kapiteln und der experimentellen Durchführung Begriffsdefinitionen aus Sicht des Anlagenbedieners zu treffen. Dieser führt auf der Druckeranlage einen Druckjob aus, der wie in Bild 10 schematisch dargestellt aus mehreren Teilen besteht.

Bild 10: Definition Druckjob

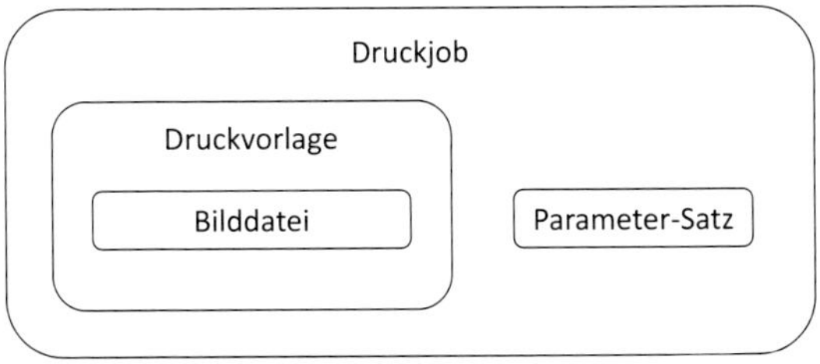

Vor der Ausführung des Druckjobs wird eine Druckvorlage ausgewählt. Diese besteht im einfachsten Fall aus einer einzelnen für den Druck vorbereiteten Bilddatei. Zusätzlich ist eine Reihe von Einstellungen zu treffen, die mit dem Begriff Parameter-Satz zusammengefasst sind. Beispiele sind die verwendete Druck-Auflösung in DPI, das Signal für die Ansteuerung der Piezo-Elemente an den Druckkopf-Düsen oder die Substrat-Temperatur.

2.2.1 Transportmechanismen in flüssigen Schichten

Inkjet-gedruckte metallische Schichten und Strukturen weisen eine ausgeprägte Variation der Eigenschaften hinsichtlich der elektrischen Leitfähigkeit auf. Die Reproduzierbarkeit erzielbarer Widerstandswerte kann um bis zu 30 % schwanken [64 bis 68]. Ein Einflussfaktor ist die durch den Trocknungsprozess hervorgerufene Verschiebung und heterogene Ablagerung leitfähiger metallischer Partikel, die zu Variationen des effektiven Leiterquerschnitts führen und damit unmittelbar den elektrischen Widerstand mitbestimmen. Mechanismen, die einen derartigen Transport von Feststoffen in flüssigen Schichten bewirken können, werden hier beschrieben.

Treten durch Konzentrationsunterschiede oder Temperaturverteilungen Gradienten der Oberflächenspannung eines Fluids auf, kann dies Marangoni-Konvektionen verursachen [69]. Im Falle der Temperaturabhängigkeit wird der Marangoni-Effekt auch als Thermokapillarkonvektion bezeichnet [70]. Charakteristisch für Marangoni-Konvektionen sind die Gradienten der Oberflächenspannung als Antriebs-Mechanismus.

Ein weiterer Mechanismus liegt in der sogenannten Rayleigh-Bénard-Konvektion. Diese wird durch thermisch induzierte Dichteschwankungen im Fluid angetrieben [71]. Durch Auftriebskräfte steigt in der Mitte der Konvektionszelle Fluid empor. Ringsherum umgibt sich absinkendes Fluid und bildet eine Zelle mit zirkulierendem Materialfluss. Typischerweise treten mehrerer solcher Bénard-Zellen gemeinsam auf. In realen Fluidsystemen können sowohl Marangoni als auch Rayleigh-Bénard-Konvektion zusammenwirken [72].

Im Bereich des funktionalen Inkjet-Drucks ist der Kaffeering-Effekte (engl. coffee stain effect) weithin bekannt. Ein Kaffeetropfen, der auf einer festen Oberfläche trocknet, hinterlässt eine dichte, ringförmige Ablagerung entlang seines Umfangs. Die Verdunstung des Wassers findet bevorzugt an der äußeren Kontur statt und sorgt für Kapillarflüsse, die die Feststoffe (den Kaffee) nach außen transportieren [73]. Nach diesem Effekt bilden Tröpfchen aus nanopartikulärer Metalltinte bei der Trocknung oftmals eine Materialüberhöhung im Randbereich, sodass sich ein Oberflächenprofil ähnlich einer Donut-Form ausbildet [49, 67, 74]. Werden viele einzelne Tröpfchen aneinandergereiht, um eine Linie zu drucken, finden sich auch hier nach Trocknung im Randbereich des Profils Materialüberhöhungen. Ein typisches Profil ist in Bild 11 dargestellt. Die Überhöhungen an den Rändern sind deutlich ausgeprägt.

Bild 11: 2D Querschnittsprofil einer Inkjet gedruckten und getrockneten Leiterbahn aus nanopartikulärer Tinte nach [75]

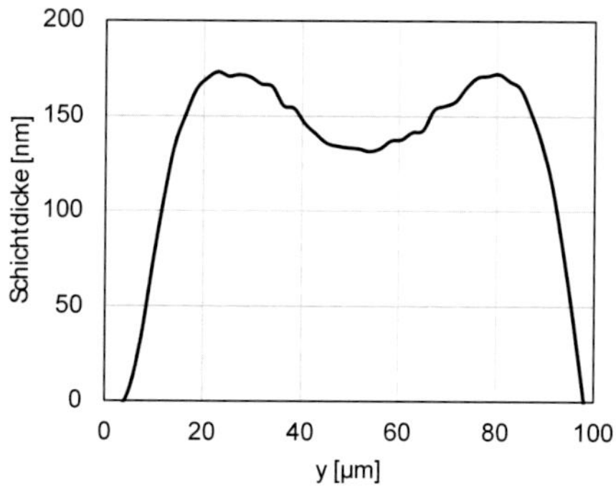

Neben diesen evaporationsgetriebenen Transportmechanismen kann auch die zweidimensionale Druckgeometrie vor Einsetzen der Trocknung die Schichtbildung durch Koaleszenz (vgl. Kapitel 2.2.3) beeinflussen und zu ungewolltem Materialtransport beitragen. Eine morphologische Analyse für Inkjet gedruckte Mehrlinienkreuzungen wird von Diaz et al. durchgeführt [76]. Ramon et al. untersuchen Druck-Geometrien zur Herstellung von organischen Dünnschichttransistoren und leiten Designempfehlungen und Kompensationsstrategien z.B. für Übergange von Linien zu Flächenelementen ab [77]. Für den Druck von DMS-Messgittern mit feinen Linien bemerkt Correia einen Einfluss der Druckorientierung und schlägt eine Auslassung von Tröpfchen in der Druckvorlage vor, um die Druckqualität zu verbessern [78].

Im Sinne einer Qualitätsverbesserung für den grafischen Farbtintenstrahldruck patentierte 1988 Lin et al. die Anwendung des zweistufigen Drucks auf Basis eines Schachbrettmusters [79]. Ziel ist dabei eine Erhöhung der Druckqualität, durch eine reduzierte Farbmischung nasser Farb-Tintentröpfchen auf Papier.

Das Grundprinzip des mittlerweile ausgelaufenen Patents findet sich jedoch auch in Handlungsempfehlungen zur Verbesserung der Druckqualität bei Verwendung von metallischen Funktionstinten für schmale Leiterbahnen oder großflächiger Bereiche wie Kontaktpads [80]. Es wird vom Druck „ausgedünnter Schichten" (engl. „layers are pixel diluted", [80]) gesprochen und auf Schachbrett-Muster als Beispiel Bezug genommen. Auch stochastische Verteilungen unterschiedlichen Füllgrades, sowie die inhaltssensitive Aufarbeitung des Druckbildes für einen Mehrlagendruck werden dargestellt [80]. Ein Beispiel für eine inhaltssensitive Aufarbeitung ist der initiale Druck einer Außenkontur, die anschließend innerhalb der Kontur mit Material aufgefüllt wird.

2.2.2 Dateiformate und Bildverarbeitung CAD Inkjet

Grundsätzlich ist bei Dateiformaten zur Speicherung von Bildern oder Grafiken zwischen Rastergrafiken und Vektorgrafiken zu unterscheiden. Rastergrafiken bestehen aus einer rechteckigen rasterförmigen Anordnung von Bildpunkten (Pixel). Die Anzahl von Reihen und Spalten der Pixel wird als Bildgröße bezeichnet. Die Farbtiefe gibt dabei an, welche Helligkeits- und Farbwerte die Pixel annehmen können. Bei einer Farbtiefe von 1 Bit können $2^1 = 2$ verschiedene Farbwerte zugeordnet werden, während eine Farbtiefe von 24 Bit $2^{24} = 16.777.216$ verschiedene Farbwerte zulässt [81]. Vektorgrafiken hingegen basieren auf mathematisch definierten geometrischen Formen wie Linien, Kreisen oder Kurven. Raster- und Vektorgrafiken können jeweils ineinander umgewandelt werden, dies geht jedoch mit einem Verlust an Bildinformationen einher.

Bekannte Dateiformate für Vektorgrafiken sind z.B. DXF (Drawing Interchange Format), SVG (Scalable Vector Graphics) und STEP (Standard for the Exchange of Product Model Data).

Bekannte Dateiformate für Rastergrafiken sind BMP (Windows Bitmap), JPEG (Joint Photographic Experts Group), PNG (Portable Network Graphics) sowie TIF (Tagged Image File Format).

Bild 12 gibt schematisch die Unterschiede von Vektorgrafiken und Rastergrafiken wieder sowie mögliche Effekte aus Konvertierung oder einer möglichen Transformation.

In Bild 12 (A) ist eine Vektorgrafik von 1 Bit Farbtiefe, bestehend aus einem gefüllten Kreis mit drei angrenzenden Linien in verschiedene Ausrichtungen dargestellt. Diese soll um 30° im Uhrzeigersinn gedreht und in eine Rastergrafik umgewandelt werden. Wird die Vektorgrafik zuerst rotiert, kann dies ohne Verlust von Bildinformationen erfolgen. Für die anschließende Konvertierung zu einer Rastergrafik wird ein quadratisches Gitter auf (B) gelegt und Gitterzellen, die zu mindestens 50 % Fläche durch die Überblendung der schwarzen Bildbereiche gefüllt sind, werden als schwarze Pixel für die Rastergrafik erfasst. Die so erstellte und in (C) dargestellte Grafik besteht aus 71 schwarzen Pixeln. Der Vergleich von (A) und (C) zeigt, dass durch die Konvertierung Bildinformationen wie die Rundheit der Außenkontur des Kreises oder die geschlossene Kontur der Linien verloren gehen kann.

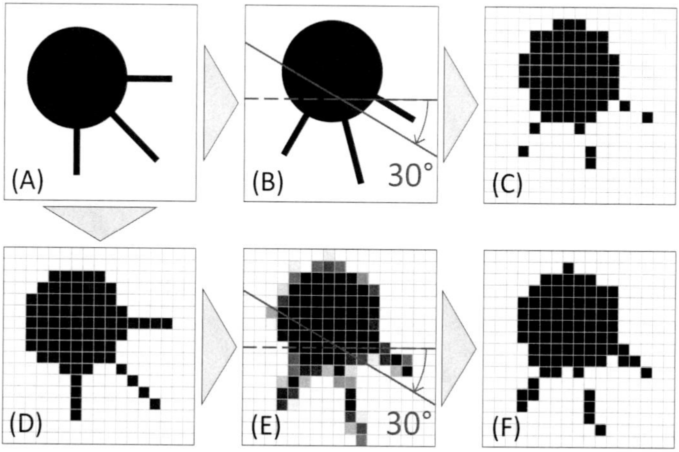

Bild 12: (A) Vektorgrafik (B) rotierte Vektorgrafik (C) aus rotierter Vektorgrafik abgeleitete Rastergrafik (D) aus Vektorgrafik abgeleitete Rastergrafik (E) Rotation um 30° im Uhrzeigersinn (D) Reduktion auf 1 Bit Farbtiefe

Bild 12 (D) zeigt eine wie oben beschrieben von (A) abgeleitete Rastergrafik aus 77 schwarzen Pixeln. Bild 12 (E) zeigt eine anschließende Transformation (Rotation um 30° im Uhrzeigersinn) von (D) unter Verwendung von Adobe Photoshop CC 2019. Die Rotation führt zu einer Neuberechnung des Bildes und interpolierten Grauwerten in der Darstellung. Die erhöhte Farbtiefe ist in (F) wieder mittels Adobe Photoshop CC 2019 auf 1 Bit reduziert. Dafür ist ein Schwellwert von 50 % zugrunde gelegt. Beträgt die Helligkeit weniger als 50 %, wird ein Pixel als schwarz interpretiert, ansonsten als weiß. Das resultierende Bild 12 (F) weist mit 80 schwarzen Pixel drei mehr als das ursprüngliche in Bild 12 (D) auf. Doch nicht nur die Anzahl schwarzer Pixel hat sich verändert, auch ist bei der mittleren, ursprünglich diagonalen Linie eine Lücke entstanden. Effekte durch Rasterung von Grafiken sind im grafischen Druck hinlänglich bekannt [41]. Auch für gedruckte Elektronik wurden hierzu Untersuchungen durchgeführt [68], da sich diese unmittelbar auf die Leistungsfähigkeit der Elemente und die Ausbeute im Herstellungsprozess auswirken [82]. Die Ergebnisse der Untersuchungen zeigen z.B. eine Veränderung der Kantenrauheit im Druckbild, der Leiterquerschnittsprofile und der elektrischen Widerstände, insbesondere für Rotationswinkel die sich nicht als ganzzahliges Vielfaches von 90° beschreiben lassen [68].

Inkjet-Drucker arbeiten nach dem grundsätzlichen Prinzip, an definierten diskreten Positionen auf einem Substrat Tinten-Tröpfchen kontaktlos abzusetzen. Damit wird aus einem digitalen Modell unmittelbar das Druckergebnis hergestellt, ohne dass dieses zuvor in einer materiellen Druckvorlage wie einer Trägerplatte oder Maske erzeugt wird [55]. Die Druckvorlage verbleibt rein digital. Dies geschieht im einfachsten Fall über eine Rastergrafik von nur 1 Bit Farbtiefe, sodass Pixel nur die Werte 1 (schwarz, Material wird abgesetzt) oder 0 (weiß, kein Material) annehmen können. Das digitale Funktionsprinzip unterstützt somit 1 Bit Rastergrafiken nativ. Auch das direkte Drucken von vektor-basierten Daten wurde untersucht [83].

Im Gegensatz zur in dieser Arbeit verwendeten Konvention einem schwarzen Pixel den Wert 1 zuzuordnen, wird in 1 Bit Rastergrafiken über den Zahlenwert die Helligkeit repräsentiert. Schwarze Pixel erhalten den Wert 0 für „dunkel" und weiße Pixel den Wert 1.

2.2.3 Einfluss der Druckrichtung und Orientierung von Linien-Strukturen auf die Schichtmorphologie

Beim Inkjet-Druck von 1 Bit Rastergrafiken wird für jedes schwarze Pixel ein Tintentröpfchen aus der Düse des Druckkopfs ausgestoßen. Die Mittenabstände der abgesetzten Tröpfchen werden über die Druckauflösung, meist angegeben als Dots per Inch (DPI), eingestellt. Ist die Druckauflösung in x- und y-Richtung identisch, handelt es sich um ein quadratisches Pixelraster. Weichen die Auflösungen voneinander ab, ergibt sich ein rechteckiges Pixelraster. Die einzelnen Druckpunkte der abgesetzten Tröpfchen haben in der Regel die gleiche Form und Größe [67]. Nach dem Prinzip der Koaleszenz – der Mittenabstand flüssiger Tröpfchen ist kleiner als ihr Durchmesser, sodass sich die Tröpfchen überlappen – kann sich ein kontinuierlicher Film auf der Substratoberfläche ausbilden [44]. So lassen sich zusammenhängende Linien oder Flächen drucken, eine Grundvoraussetzung für leitfähige Strukturen gedruckter Elektronik.

Während in der mathematischen Betrachtung in Kap. 2.2.2 ein Pixel an sich geometrisch dimensionslos ist, löst der Inkjet-Druckvorgang die Erzeugung eines Tröpfchens je Pixel aus. Damit wird je Pixel ein Flächenelement aus Tinte auf dem Substrat hergestellt. Ein Pixel kann damit als zweidimensionales Flächenelement interpretiert werden. Diese Mehrdeutigkeit kann noch erweitert werden, denn die Kantenlänge eines Rechtecks oder Quadrats auf einem Raster wird ebenfalls als Pixel bezeichnet, was einer Längeneinheit (eindimensional) entspricht. Ein Pixel ist jedoch dimensionslos und bezeichnet eine Zelle eines Rasters oder Gitters. Erst durch die Zuweisung einer Druckauflösung kann eine physikalische Einheit zugeordnet werden.

Zur Erzeugung eines zweidimensionalen Druckbildes bewegt sich der Druckkopf relativ zum Substrat. Beginnend beim Druck-Ursprung werden die Tröpfchen zeilenweise in Druckrichtung abgesetzt (vgl. Bild 13). Nach einem Versatz des Druckkopfes in Vorschubrichtung kann die nächste Zeile gedruckt werden. Dieser Prozess kann über Multi-Düsen Druckköpfe parallelisiert werden, um die Druckzeit zu verkürzen. Enthalten eine oder mehrere Pixel-Reihen in Druckrichtung ausschließlich weiße Pixel, kann dieser Bereich übersprungen werden. So können Überfahrten des Druckkopfes ohne Materialdeposition vermieden werden.

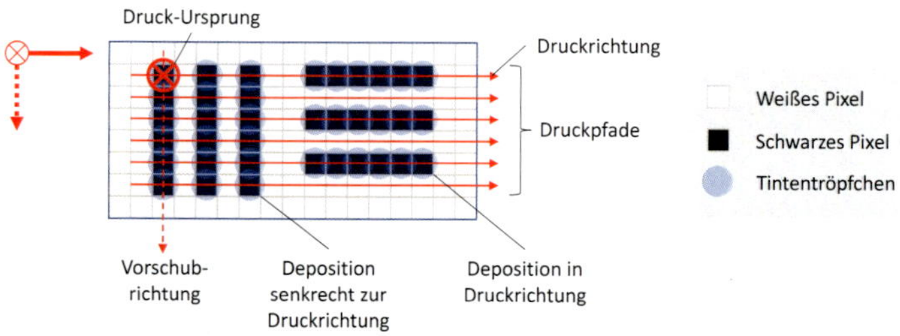

Bild 13: Druck- und Vorschubrichtung beim Inkjet-Druck von Rastergrafiken nach [84]

Um den möglichen Einfluss der Druckrichtung und Orientierung von Linien-Strukturen auf die Schichtmorphologie einzuordnen, ist die Betrachtung des Prozesses mit nur einer einzelnen aktiven Druckdüse hilfreich. Soltman analysiert die Formation von Einzeltröpfchen und die Bildung von gedruckten Linien aus leitfähiger Polymertinte [74]. Dabei stellen sich nicht nur der Abstand der Tröpfchen entsprechend der eingestellten Druckauflösung und die Substrattemperatur als wichtige Parameter heraus, sondern ebenfalls die Tröpfchenausstoßfrequenz und damit der zeitliche Versatz zweier nebeneinander auftreffender Tröpfchen. Correia beschreibt den Einfluss der Druckrichtung auf ein gedrucktes DMS-Messgitter aus Silbertinte [78]. Zwar wird der Zusammenhang der Druckrichtung auf den zeitlichen Versatz benachbarter Tröpfchen einer Linie beschrieben, jedoch nicht detailliert untersucht. Eine Analyse der Morphologie als Funktion der Druckrichtung erfolgt durch Seifert an gedruckten Linien aus Silbertinten [67]. Bei Linien, die in Druckrichtung orientiert sind (Bild 13, rechts), ist der zeitliche Versatz nebeneinander liegender Tröpfchen gering, denn alle Tröpfchen der Linie liegen auf einem Druckpfad und werden mit einer Überfahrt gedruckt. Bei Linien, die senkrecht zur Druckrichtung orientiert sind (Bild 13, links), ist der zeitliche Versatz größer, denn pro Überfahrt entlang eines Druckpfads kommt nur ein Tröpfchen dazu. Fällt der zeitliche Versatz gering aus, haben die Tröpfchen womöglich noch nicht die Benetzung abgeschlossen und sind vollständig zur Ruhe gekommen [85]. Auch kann sich durch ein längeres Zeitintervall der Trocknungszustand des vorherigen Tröpfchens schon geändert haben [67].

Seifert weist Unterschiede in Höhe, Breite und effektivem Leiterquerschnitt gedruckter Leiterbahnen in den beiden Orientierungen nach. Auch der elektrische Widerstand der Leiterbahnen beider Linienorientierungen nach einer Sinterung unterscheidet sich entsprechend [67]. Der Einfluss der Orientierung von Druckmustern Inkjet-gedruckter Elektronik wird von Sowade weitergehend untersucht [68].

2.3 Sintern von nanopartikulären, metallischen Schichten

In diesem Abschnitt werden Verfahren zur Sinterung von gedruckten, nanopartikulären Strukturen dargestellt und diskutiert. Unter dem Begriff Sintern ist ein Wärmebehandlungsverfahren zu verstehen, bei dem ein loses (metallisches) Pulverhaufwerk verdichtet wird [87]. Beginnend beim Kontaktstadium werden die Phasen der Sinterhalsbildung und des Kornwachstums durchlaufen, bis ein verdichteter Sinterkörper entsteht wie in Bild 14 schematisch dargestellt ist. Das Ziel des Sinterns nanopartikulärer, metallischer Schichten ist eine Erhöhung der elektrischen Leitfähigkeit.

Bild 14: Sintern, eigene Darstellung nach [86]

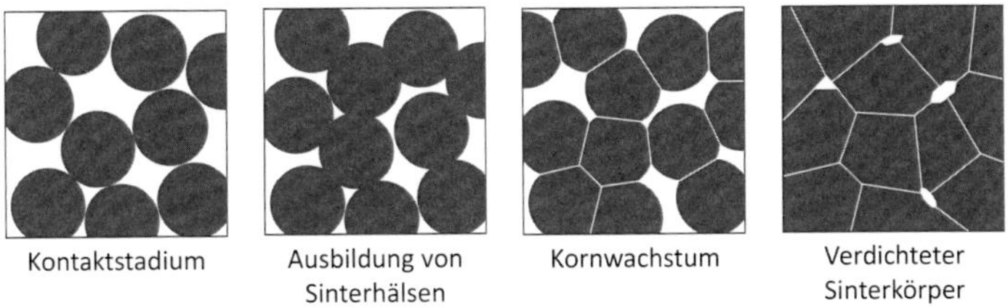

Das Besondere bei der Sinterung von Nanopartikeln ist ihre geringe Partikelgröße, die mit einer großen Oberfläche im Kontaktstadium (Bild 14) sowie einer geringeren Sintertemperatur im Vergleich zu größeren Partikeln im Mikrometerbereich einhergeht [88, 89].

Eine Einbringung von Wärme kann konventionell durch Auslagerung in einem Heißluftofen geschehen. Die Vor- und Nachteile des Ofensinterns, des photonischen Blitz-Sinterns sowie des Lasersintern werden wegen ihrer besonderen Relevanz in den folgenden Unterkapiteln beschrieben. Darüber hinaus existieren weitere Methoden der Energiedeposition wie z.B. chemisches Sintern [90 bis 105], elektrisches Sintern [106 bis 110], Plasmasintern [111 bis 123], Infrarot-Sintern [124 bis 131], Ultraviolett-Sintern [132, 133] oder Mikrowellen-Sintern [134 bis 136].

2.3.1 Ofensintern

Das konventionelle Ofensintern bietet eine einfache und reproduzierbare Möglichkeit der Wärmebehandlung [66]. Die Wärmeübertragung auf das Bauteil kann durch Wärmeleitung, Wärmestrahlung und Konvektion (Umluft) erfolgen. Da sich sowohl der innere Bereich des Ofens wie auch das aufgenommene Bauteil erwärmen, werden nur geringe Heizraten erreicht. Sintervorgänge dauern bei der Ofensinterung vergleichsweise lange, da z.B. für die Sinterung von Nanosilber Temperaturen von 200°C für bis zu einer Stunde Dauer erforderlich sind [137, 138]. So wird ebenfalls das gesamte Bauteil oder Substrat im Ofen miterwärmt, was zu einer ungewollten thermischen Belastung von temperatursensitiven Bauteilen führen kann [8].

2.3.2 Photonisches Blitzsintern

Beim photonischen Blitzsintern, im Englischen als *Intense Pulsed Light Sintering* (IPL) bezeichnet, wird die erforderliche Energie durch Licht eingebracht und durch Absorption in den Zielmaterialien in Wärme umgewandelt. Weitverbreitet sind hierfür leistungsfähige Xenon-Blitzlampen, welche unter Emission im Spektralbereich von ca. 200 – 1200 nm kurzzeitig auf der Substratoberfläche hohe Temperaturen erzeugen [8]. Der Sinterungsprozess läuft entsprechend der kurzen Entladungsdauer schnell (< 1 s) ab, ohne dass das Substrat auf die Sintertemperatur der absorbierenden Schicht aufgeheizt wird. Damit können temperaturempfindliche Substrate wie Polymerfolien (z.B. PET) mit Glasübergangstemperaturen unterhalb der Sintertemperatur verwendet werden [8, 44, 139]. Über die Blitz-Intensität und -Dauer, sowie über spektrale Filterung kann Einfluss auf das Sinterergebnis genommen werden [66, 140]. Eine selektive Sinterung der Oberfläche kann über den Einsatz von Masken oder Schablonen erfolgen, die einen Teil des großflächig emittierten Lichtes zurückhalten.

2.3.3 Selektives Lasersintern

Ebenfalls eine Art der photonischen Sinterung stellt die selektive Lasersinterung dar, da durch Absorption von Licht oberflächennah Wärme eingebracht wird. Ein Laserstrahl wird durch eine Optik auf einen geringen Strahldurchmesser fokussiert, wodurch das Laserlicht mit hoher Intensität auf das Substrat eingestrahlt werden kann. Durch ein Positionier- oder Strahlablenkungssystem können selektiv nahezu beliebige Bereiche belichtet werden. Die Verwendung von Masken oder Schablonen ist nicht erforderlich, die Daten dazu werden aus einem digitalen Modell gespeist [8, 9, 141 bis 143]. Mit der Wahl der Laserstrahlquelle lässt sich die Bearbeitung an den Werkstoff und dessen optische Eigenschaften anpassen. Neben der Wellenlänge kann der Betriebsmodus (Dauerstrich oder gepulst) angepasst werden [144, 145]. Aufgrund der Leistungsfähigkeit von Laserstrahlquellen und der räumlichen Konzentration kann die optische Leistung effizient genutzt werden. Durch hohe Intensitäten für den Sinterungsprozess von mehreren kW/cm^2 und kurze Wechselwirkungszeiten (< 1 ms) ermöglicht das Lasersintern sehr kurze Prozesszeiten [75] sowie eine geringe thermische Belastung des Substrats.

2.4 Additive Fertigung von Dehnungssensoren

Während konventionell hergestellte Folien-DMS verfahrensbedingt in großen Stückzahlen hergestellt werden, eröffnet die additive Fertigung von DMS das Potential geringer Fertigungskosten für Kleinserien bis zur individuellen Fertigung mit Stückzahl Eins. Der Begriff „Additive Fertigung“ bezieht sich meist auf die Herstellung von dreidimensionalen Objekten, die nach dem Schichtbauprinzip erzeugt werden. D.h. Einzelschichten werden erzeugt und Schicht für Schicht in der richtigen Reihenfolge aneinandergefügt [2]. Dies geschieht computergesteuert und basiert auf einem digitalen Modell. Der Einsatz produktspezifischer Werkzeuge ist nicht notwendig [2]. Die VDI Richtlinie VDI 3405 definiert additive Fertigungsverfahren als „Fertigungsverfahren, bei dem das Werkstück element- oder schichtweise aufgebaut wird“ [146].

Für die additive Fertigung von DMS auf metallischen Bauteilen gibt es dabei zwei grundsätzlich unterschiedliche Ansätze. Es lassen sich folienbasierte Systeme [9, 65, 147] herstellen, welche ähnlich der konventionellen Folien-DMS klebtechnisch auf einem Bauteil installiert werden. Somit unterscheidet sich der Herstellungs-, prinzipiell nicht aber der Installationsprozess. Erfolgt die additive Fertigung des DMS direkt auf dem metallischen Zielbauteil [66, 148], stellt der Herstellungsprozess gleichzeitig auch jenen der Installation dar.

Diesen Ansätzen sind bei der Herstellung einzelner Schichten folgende drei Schritte gemein:

1. Vorbehandlung: Insbesondere um die Benetzungseigenschaften des Substrates oder der vorhergehenden Schicht anzupassen, kann eine Vorbehandlung erfolgen. Möglich ist das z.B. chemisch durch den Einsatz von Lösungsmitteln oder einer Plasmabehandlung [44]. Eine Vorbehandlung kann optional sein, oder in manchen Fällen auch als Nachbehandlung der vorhergehenden Schicht interpretiert werden. Kommen unterschiedliche Werkstoffe je Schicht zum Einsatz, ist die Bezeichnung Vorbehandlung für das artungleiche Interface eindeutig und als solches zu verwenden.

2. Material-Deposition: In diesem Schritt wird entsprechend des digitalen Modells Material in einer definierten Geometrie und an einer definierten Position abgelegt.

3. Nachbehandlung: Erst durch eine Nachbehandlung erlangt das deponierte Material seine werkstofflichen Zieleigenschaften und damit Funktionalität. Das Erfordernis mehrerer unterschiedlicher Nachbehandlungsschritte kann vorliegen, wenn z.B. eine nanopartikuläre Metalltinte zuerst getrocknet und anschließend gesintert wird. Das Verdampfen von Lösungsmitteln und eine Sinterung oder ein Aufschmelzen der Metallpartikel stellen Prozesse dar, die oftmals auf unterschiedlichen Zeit- und Temperatur-Regimes ablaufen. Eine Anwendung verschiedenartiger Verfahren kann vorteilhaft oder gar erforderlich sein. Ein weiteres Beispiel für eine Nachbehandlung ist die UV-Bestrahlung zur Härtung von polymeren Werkstoffen [149].

Grundsätzlich besteht auch die Möglichkeit, bei der additiven Fertigung von gedruckter Elektronik hiervon geringfügig abzuweichen, wie das Beispiel von Yeo et al. zeigt. Hier erfolgt eine vollflächige Beschichtung mit Silbertinte des Substrates. Über ein anschließendes selektives Lasersintern wird ausschließlich die gewünschte Geometrie der Leiterbahnen nachbehandelt und haftfest gesintert. Durch Lösungsmittel wird die unbehandelte Tinte abgewaschen und die Leiterbahnen freigestellt ähnlich einem photochemischen Entwicklungsprozess, jedoch ohne Belichtungsmasken [150].

Wichtigste und zentrale Funktionsschicht bei der additiven Herstellung von DMS ist das metallische Messgitter. Hier laufen unter Längenänderung die in Kapitel 2.1.2 beschriebenen Mechanismen zur Widerstandsänderung ab. In der Regel handelt es sich bei dem zu überwachenden Bauteil um ein metallisches, bzw. einen elektrisch leitfähigen Werkstoff. Dann ist zwischen Messgitter und Bauteil eine elektrisch isolierende Barriere vorzuhalten, die gleichzeitig die mechanische Funktion der Kraftübertragung erfüllt. Neben diesem elementaren Schichtaufbau ist ein vor Umgebungseinflüssen ungeschütztes Messgitter ohne abdeckende Schutzschicht nur eingeschränkt nutzbar. Sowohl die kurzfristig auftretenden Störeinflüsse auf das Messgitter wie auch die mittel- und langfristige Degradation des Messgitterwerkstoffes und der Verschleiß würden einen solchen DMS in seiner Funktion zu stark einschränken und damit disqualifizieren.

2.4.1 Foliensysteme zur klebtechnischen Applizierung

Additiv hergestellte Dehnungsmessstreifen auf Trägerfolien bieten einerseits eine Reihe von Vorteilen der werkzeugfreien digitalen Fertigung. So kann beispielsweise jeder Sensor individuell gestaltet werden, eine Fertigung von Kleinserien bis Losgröße Eins ist möglich. Andererseits muss der trägerfoliengebundene Sensor ähnlich aufwendig auf einem Bauteil appliziert werden, wie unter Kapitel 2.1.5 bei der Installation von konventionell gefertigten Folien-DMS skizziert ist.

Als Substratmaterial kann eine Polyimidfolie zum Einsatz kommen [9, 65], was sich am üblichen Substratmaterial von konventionell gefertigten Folien-DMS orientiert. Auch die Verwendung von PET-Folien wird untersucht [151, 152]. Zur Beschichtung mit dem metallischen Gitterwerkstoff werden digitale Druckverfahren wie Inkjet-Druck [9, 65, 78, 151, 152] oder Aerosol-Jet®-Druck [147, 153] eingesetzt. Während Inkjet-Druck meist nur auf 2D Substraten angewendet wird, bietet Aerosol-Jet®-Druck erweiterte Möglichkeiten zur Anwendung auf 3D Bauteilen. Als Werkstoffe für das Messgitter werden Silber [9, 65, 78, 151, 152] und Konstantan [147, 153] verdruckt. Während die Trocknung der gedruckten Schicht in der Regel thermisch (z.B. auf einer Heizplatte, einem beheizbaren Substrattisch des Druckers bzw. der Probenspannvorrichtung, bei Raumtemperatur oder in einem Ofen) erfolgt, werden zur Sinterung höhere Temperaturen durch Lasersintern [9, 153], photonisches Blitzsintern [147] oder Ofensintern [65, 78] genutzt. Zur Abdeckung kann, wie bei konventionellen DMS, eine Polyimidfolie verwendet werden [65].

Während ein Großteil der wissenschaftlichen Arbeiten eine additive Fertigung von DMS-Viertelbrücken mittels Inkjet demonstrieren [9, 78, 151], geht Krutsch darüber hinaus und untersucht den Druck von DMS-Halbbrücken unterschiedlicher Gitterausrichtungen [65]. Unter Verweis auf den Einfluss der Druckrichtung zur Messgitterorientierung wird die Druckvorlage rotiert, sodass die Druckrichtung um 45° zu beiden Messgittern orientiert ist. Ohne 45° Rotation ist eine Breite der Messgitterlinien von einem Pixel Breite zwar möglich, aber die Ausfallrate beträgt bis zu 80 %. Ob mit Rotation die in Kapitel 2.2.2 beschriebenen Artefakte auftreten, wird nicht beschrieben, jedoch liegt die Linienbreite für die rotierten Drucke bei zwei bzw. drei Pixeln. Die Schwankungsbreite der erzielten elektrischen Widerstände wird mit bis zu über 30 % für DMS mit zwei Pixeln Messgitterlinienbreite angegeben [65]. Durch Erhöhung der Pixelanzahl und damit der Leiterbreite kann die Schwankungsbreite zwar verringert werden, dies reduziert jedoch die drucktechnisch erreichbare Leiterlänge des Mäanders pro Flächeneinheit und damit den Grad der Miniaturisierung [65, 151].

Die Schwankungsbreite der Widerstände mittels Aerosol-Jet® hergestellter elektrischer Leiter und DMS-Messgitter kann sogar bis zu ±50% betragen [147]. Anlagenhersteller für Aerosol-Jet® geben mehrere Stunden Prozessstabilität an, ohne dass ein manuelles Eingreifen erforderlich sei [154].

2.4.2 Direkt bauteilverbundene Dehnungssensoren

Ohne Trägerfolie, sondern direkt auf das Bauteil additiv hergestellte DMS erfordern keine spätere aufwendige Applizierung. Die Abstinenz einer Trägerfolie verspricht eine Abstandsreduktion von Messgitter zu Bauteil. Im Falle nichtleitender Bauteilwerkstoffe kann das metallische Messgitter unmittelbar auf der Bauteiloberfläche erzeugt werden [155].

Maiwald stellt auf Edelstahl- bzw. Aluminiumbauteilen die erforderlichen Funktionsschichten (Isolation und Abdeckschicht aus Duraseal 1529H und das Viertelbrücken-Messgitter aus Silber) mittels Aerosol-Jet®-Druck her. Alle Schichten werden in einem Ofen thermisch nachbehandelt, das Messgitter zusätzlich unter einer wasserstoffhaltigen Atmosphäre bei 350 – 500 °C über mehrere Stunden [148].

Ein lackiertes Aluminiumbauteil wird von Werner mit einem Viertelbrücken-Messgitter aus Konstantan mittels Aerosol-Jet® bedruckt und durch photonisches Blitzsintern nachbehandelt [66]. Die Schwankungsbreite der Widerstände mittels Aerosol Jet hergestellter DMS-Messgitter ist von Werner und Maiwald nicht angegeben.

3 Problemstellung, Zielsetzung und Vorgehensweise

3.1 Problemstellung

Der in Kapitel 2 vorgestellte derzeitige Stand von Wissenschaft und Technik weist Defizite auf, die sich in folgenden Punkten zusammenfassen lassen:

- Konventionelle Folien-DMS werden auf Trägerfolien hergestellt und anschließend auf Bauteile aufgeklebt, wobei sich die Applizierung nur eingeschränkt automatisieren lässt. Durch die zwei Schichten (Trägerfolie und Klebeschicht) ist ein Mindestabstand von Bauteil zu Messgitter gegeben. Die Dicke der Klebeschicht unterliegt verfahrensbedingt Schwankungen, die sich auf das Ansprechverhalten des DMS auswirken.

- Dünnfilm-DMS die mittels additiven Fertigungsverfahren (Aufdampfen bzw. Sputtern unter Vakuum) auf Trägerfolien hergestellt werden, bringen bei der Applizierung die gleichen Herausforderungen wie die konventionellen Folien-DMS mit sich, bei höheren Produktionskosten. Durch den Einsatz von Vakuumtechnik ist die Herstellung direkt bauteilverbundener DMS aufwendig, nicht inline-fähig und auf kompakte Bauteile beschränkt.

- Aerosol Jet-Druck als additives Fertigungsverfahren eignet sich zwar zur Beschichtung von 3D Oberflächen, jedoch erfolgt der Materialauftrag über nur eine Düse. Damit ist die Prozessgeschwindigkeit begrenzt und eine Skalierung von Kosten und Geschwindigkeit über Multi-Düsen Systeme derzeit nicht wirtschaftlich darstellbar. Die Stabilität des Aerosol-Stroms hält nur für kurze Zeit, sodass nur geringe Stückzahlen gefertigt werden können. Die Schwankung der Fertigungsqualität ist typischerweise groß.

- Inkjet Druck auf ebenen Substraten hat sich im industriellen Maßstab seit Dekaden im Bereich des Grafik-Drucks etabliert. Durch Multidüsen-Inkjet-Systeme lässt sich der Druckdurchsatz steigern, ohne die Flexibilität des Digitaldrucks oder Kostenreduktion durch Skalierung einzubüßen. Beim Druck leitfähiger metallischer Strukturen ist die Reproduzierbarkeit der erzielbaren elektrischen Eigenschaften eingeschränkt. Insbesondere bei schmalen Leitern (mit einem Pixel Breite in der Druckvorlage und damit am Rande des Auflösungsvermögens) können Schwankungen der Leitfähigkeit von > 30% auftreten.

- Der Druck von DMS mittels Inkjet ist bisher nur für Viertelbrücken mit einer Messgitterorientierung (Linienorientierung) oder für Halbbrücken zweier Linienorientierungen, jedoch mit mehreren Pixeln Leiterbreite gezeigt. Eine systematische Untersuchung schmaler Linien von einem Pixel Breite zweier orthogonaler Linienorientierungen wie bei DMS T-Rosetten ist nach derzeitigem Stand der Technik nicht erfolgt.

- Eine Rotation der Druckvorlage um 45° zur Lösung der druckrichtungsabhängigen Formation orthogonaler Messgitterlinien führt durch standardisierte Datenverarbeitung zu Bildartefakten und Defekten im Druckbild.
- Der Inkjet-Druck von DMS-Rosetten dreier unterschiedlicher Messgitterorientierungen zur Erfassung zweiachsiger Spannungszustände mit unbekannten Hauptrichtungen ist nach derzeitigem Stand der Technik nicht untersucht.
- Effekte, die zu Materialtransport in nasschemisch applizierten metallischen Schichten führen, sind im derzeitigen Stand der Technik analytisch beschrieben. Lösungsansätze zur Kompensation des Materialtransports beim Inkjet-Druck von DMS auf Basis der digitalen Druckvorlage liegen bisher nicht vor.

3.2 Zielsetzung

Zusammenfassend lässt sich aus den Defiziten des Standes von Wissenschaft und Technik die Zielsetzung für die vorliegende Arbeit ableiten. Um die Beschränkungen konventionell lithografisch gefertigter, gesputterter oder aufgedampfter DMS zu überwinden, soll ein digitales, kontaktloses und inline-fähiges Fertigungsverfahren im Fokus dieser Arbeit stehen.

Aerosol-Jet Druckköpfe erzeugen einen kontinuierlichen Fluss von flüssigen Tröpfchen oder festen Partikeln, die über einen Gas-Strom auf ein 2D oder 3D-Substrat aufgebracht werden. Im Gegensatz hierzu stößt ein Inkjet-Druckkopf aus jeweils mehreren Düsen definierte Einzeltröpfchen aus, die sich auf dem Substrat zum Gesamtdruckbild überlagern. Obwohl die Inkjet-Technologie Einschränkungen bei der Beschichtung von 3D-Oberflächen und ein typischerweise leicht geringeres Auflösungsvermögen für den Druck kleiner Strukturgrößen aufweist, bietet sie eine Reihe von Vorteilen. Die Inkjet-Technologie unterliegt nach derzeitigem Stand einer geringeren Schwankungsbreite der Fertigungstoleranzen und ist seit Dekaden im industriellen Einsatz etabliert. Daher wird Inkjet als Drucktechnologie in dieser Arbeit ausgewählt. Durch die Verwendung von Multidüsen-Systemen (bis zu mehreren Tausend) ist zudem eine Steigerung der Fertigungsgeschwindigkeit bei gleichzeitiger Kostenreduktion durch Skalierung möglich.

Inkjet als Funktionsdruck für metallische Leiter liefert bislang eine unzureichende Fertigungsqualität für Dehnungsmessstreifen. Die spezifischen Messgitterkonfigurationen mit unterschiedlichen Leiterorientierungen, wie sie in DMS-Rosetten und DMS-Halb- bzw. -Vollbrücken angewendet werden, sind für eine additive digitale Herstellung mittels Inkjet-Druckes unzureichend oder gar nicht systematisch untersucht.

Die übergeordnete Zielsetzung dieser Arbeit besteht daher in der Entwicklung eines angepassten Inkjet-Druck-Verfahrens, um unter Berücksichtigung der Messgitterorientierung die Fertigungsqualität von DMS-Messgittern zu steigern.

Der zu erarbeitende Lösungsansatz soll dabei auf andere Druck- und Substratwerkstoffe übertragbar sein, oder sich für eine spezifische Materialkombination aufwandsarm anwenden bzw. adaptieren lassen.

Unter Inkjet-Druck-Verfahren im Sinne dieser Arbeit ist eine Abfolge von Prozessschritten gemeint, welche folgende Einzelschritte umfasst:

1. Erzeugung der Druckvorlage in Form von einer oder mehreren Rastergrafiken
2. Einstellung von Parametern für einen Druckjob (z.B. Auswahl der Druckvorlage, Einstellung von Druckauflösung, Substrattemperatur)
3. Ausführen des Druckjobs (Relativbewegung von Druckkopf und Substrat unter Deposition der Tintentröpfchen)
4. Trocknen der gedruckten Schicht auf dem Substrattisch des Druckers.
5. (optional) Wiederholung der Schritte 2.- 4., falls die Druckvorlage aus mehreren Rastergrafiken besteht.

Die Fertigungsqualität wird über den erzielten Ohmschen Widerstand, bzw. die Streuung der Werte bestimmt. Für Vollbrücken wird zusätzlich die Brückenverstimmung herangezogen.

Die Anwendung der Inkjet-Druck-Verfahren soll automatisierbar sein und keine inhaltssensitive Bearbeitung der Druckvorlagen erfordern. D.h. es muss keine Unterscheidung von Elementen wie dünnen Leitern des Messgitters, verbindenden Flächenelementen an den Endpunkten zweier dünner Leiter oder Flächen für die Kontaktierung erfolgen.

Des Weiteren wird bei der Verfahrensentwicklung der **Erhalt digitaler Informationen** der Druckvorlage angestrebt, sodass von verlustfreier Datenverarbeitung gesprochen werden kann. Transformationen (z.B. Bildrotationen) sollen eindeutig, verlustfrei und umkehrbar sein. Beispiele für die hier gemeinten digitalen Informationen sind: Die Pixelfarbe (schwarz oder weiß, Deposition von Material oder keine Deposition), die Position des Pixels auf einem Gitter (Zeile und Spalte) und die Gitterkonstante (definiert durch die Druckauflösung). Dies ist in zweierlei Hinsicht von Relevanz.

1. Jeder gefüllte Pixel einer Rastergrafik der Druckvorlage entspricht einem Materialtröpfchen beim Druck. Verändert sich die Anzahl gefüllter Pixel bedeutet dies eine geänderte Menge gedruckten Materials. Die entwickelten Druck-Verfahren sollen die deponierte Gesamtmaterialmenge nicht verändern.

2. Die Abstände gedruckter Materialtröpfchen zueinander soll erhalten bleiben, um die Materialmenge pro Flächen- oder Längeneinheit nicht zu verändern. Die aus der Druckvorlage resultierende Materialdichteverteilung soll sich nicht verändern.

3.3 Forschungsfragen

Die zentrale und übergeordnete Forschungsfrage dieser Arbeit lautet:

Wie lassen sich die Fertigungstoleranzen Inkjet-gedruckter metallischer DMS-Messgitter durch datengestützte Druckstrategien (d.h. durch softwareseitig einstellbare Druckparameter und durch digitale Bildverarbeitung der Druckvorlage) verringern?

Da diese Arbeit über Inkjet-gedruckte Viertelbrücken DMS-Messgitter hinaus Messgitterkonfigurationen mit Vollbrücken bis hin zu Rosetten für die Erfassung zweiachsiger Spannungszustände mit unbekannten Hauptrichtungen zum zentralen Untersuchungsgegenstand hat, ist die übergeordnete Forschungsfrage weiter zu untergliedern und zu präzisieren.

1. DMS-Messgitter mit zwei (senkrechten) Strukturorientierungen
    a. Inwieweit lassen sich Schichten homogener elektrischer Eigenschaften aus nanopartikulärem Metall für die Erstellung von DMS-Messgittern unter Berücksichtigung der Strukturorientierung (Linien 0°/90°) mittels Inkjet-Druckes erzeugen?
    b. Welche Verringerung der elektrischen Verstimmung Inkjet-gedruckter DMS-Vollbrücken zweier senkrechter Messgitterorientierungen lässt sich erzielen?
2. DMS-Messgitter mit drei Strukturorientierungen
    a. Inwieweit lassen sich Schichten homogener elektrischer Eigenschaften aus nanopartikulärem Metall für die Erstellung von DMS-Rechtwinkel-Rosetten unter Berücksichtigung der Strukturorientierung (Linien 0°/45°/90°) mittels Inkjet-Druckes erzeugen?
    b. Inwieweit lassen sich Schichten homogener elektrischer Eigenschaften aus nanopartikulärem Metall für die Erstellung von DMS-Delta-Rosetten unter Berücksichtigung der Strukturorientierung (Linien 0°/60°/120°) mittels Inkjet-Druckes erzeugen?
3. Materialtransport in nassen Schichten
    a. Wie weit kann die elektrische Verstimmung Inkjet-gedruckter DMS-Vollbrücken zweier senkrechter Messgitterorientierungen durch einen Mehrlagen-Druck reduziert werden?

b. Inwieweit kann der Materialtransport in nassen Schichten unterdrückt werden?

3.4 Vorgehensweise

Zur Beantwortung der Forschungsfragen und Erreichung der Zielsetzung wird eine Vorgehensweise gewählt, die auf den Kenntnissen des Standes von Wissenschaft und Technik aufbaut und die vorhandenen Defizite adressiert. Ein Ablaufdiagramm zur Vorgehensweise ist in Bild 15 dargestellt.

Neben der einleitenden Motivation in Kapitel 1 ist der Stand von Wissenschaft und Technik zu Schaffung der grundlegenden Kenntnisse in Kapitel 2 dargestellt. In diesem Kapitel 3 wird die Problemstellung aus den Defiziten des Standes von Wissenschaft und Technik zusammengefasst, die Zielsetzung der Arbeit inkl. korrespondierender Forschungsfragen formuliert und die Gliederung der Arbeit vorgestellt. In Kapitel 4 wird eine Übersicht der verwendeten Materialen, Geräte und Anlagentechnik sowie der Analyseverfahren gegeben.

Bild 15: Ablaufdiagramm zur Vorgehensweise

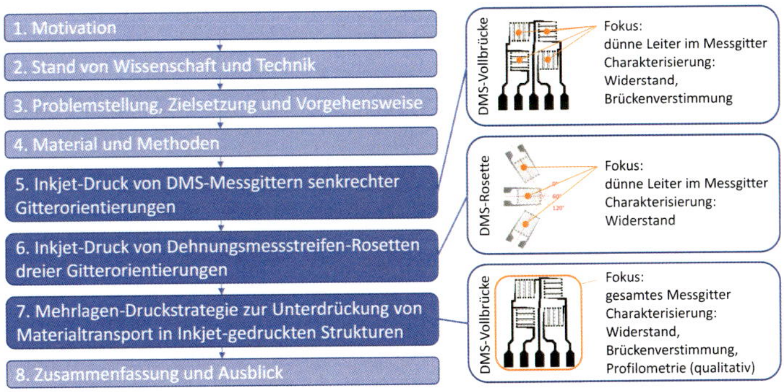

Aus dem Stand von Wissenschaft und Technik ergeben sich zwei für diese Dissertation wesentliche Aspekte:

1. Die Transportmechanismen in flüssigen Schichten (Kapitel 2.2.1)
2. Den Einfluss der Druckrichtung und Orientierung von Linien-Strukturen auf die Schichtmorphologie (Kapitel 2.2.3)

Diese treten als Auslöser für eine ungleichmäßige Deposition des metallischen Werkstoffes auf der Substratoberfläche in Erscheinung. Ungleichmäßige Querschnitte des elektrisch leitfähigen Materials resultieren in einer Variation der elektrischen Widerstände und stehen damit in Verbindung zu den in Kapitel 3.1 aufgeführten Defiziten. Die Ergebniskapitel 5 bis 7 greifen die beiden ursächlichen Aspekte auf, leiten Lösungsstrategien her und validieren diese experimentell.

In Kapitel 5 „Inkjet-Druck von DMS-Messgittern senkrechter Gitterorientierungen" stehen DMS-Messgitter mit zwei senkrecht zueinanderstehenden Strukturorientierungen im Vordergrund, wie sie z.B. häufig in DMS-Vollbrücken verwendet werden. Der Fokus der Untersuchungen liegt auf den dünnen Leitern im Messgitter. Inwieweit der Einfluss der Druckrichtung auf die Strukturorientierung durch eine Rotation von 45° der Druckvorlage relativ zur Druckrichtung kompensiert werden kann, wird am Stand der Technik gespiegelt und eine neue Methode der digitalen Datenaufbereitung eingeführt. Durch eine Analyse der elektrischen Eigenschaften (Widerstand und Brückenverstimmung) erfolgt eine Bewertung der Fertigungsqualität.

Die Erweiterung auf drei unterschiedliche Strukturorientierungen der DMS-Messgitter erfolgt in Kapitel 6 „Inkjet-Druck von Dehnungsmessstreifen-Rosetten dreier Gitterorientierungen". Die Abtastung durch Messgitter drei unterschiedlicher Orientierungen ist ein Erfordernis für die Analyse zweiachsiger Spannungszustände unbekannter Hauptrichtungen. Diese in der experimentellen Spannungsanalyse häufig anzutreffende Messaufgabe kann durch die Verwendung von DMS-Rosetten aus drei DMS bewerkstelligt werden. Beide Typen von DMS-Rosetten für diesen Anwendungsfall, Rechtwinkelrosetten und Delta-Rosetten [38], werden in Kapitel 6 untersucht. Wie in Kapitel 5 liegt der Fokus der Untersuchungen auf den dünnen Leitern im Messgitter. Die Ergebnisse und Lösungsstrategien der digitalen Datenaufbereitung aus Kapitel 5 werden aufgegriffen und erweitert. Die Fertigungsqualität wird durch eine Analyse der elektrischen Eigenschaften bewertet.

In Kapitel 7 „Mehrlagen-Druckstrategie zur Unterdrückung von Materialtransport in Inkjet-gedruckten Strukturen" unterscheidet sich die Systematik des Lösungsansatzes. Hier wird das Potential zur Steigerung der Fertigungsqualität durch eine Unterdrückung des Materialtransports untersucht. Dazu wird eine Mehrlagen-Druckstrategie mit zwischengelagerter Trocknung von Teilschichten verfolgt. Von den dünnen Leitern im Messgitter erweitert sich der Fokus der Untersuchungen auf das gesamte Messgitter. Zusätzlich zur Analyse der elektrischen Eigenschaften erfolgt eine qualitative Bewertung der Schichtmorphologie anhand von Profilometrie.

In Kapitel 8 erfolgt eine Zusammenfassung der erzielten Ergebnisse und eine Gegenüberstellung der in Kapitel 5 und 7 erreichten Verbesserungen der Fertigungsqualität bei DMS-Vollbrücken. Hier erfolgt die Beantwortung der Forschungsfragen. Die verbleibenden Herausforderungen für die additive Herstellung von DMS-Messgittern werden ebenso vorgestellt wie zukünftige Entwicklungsmöglichkeiten an der Schnittstelle von gedruckter Elektronik und additiver Fertigung.

4 Material und Methoden

In diesem Kapitel wird zunächst ein Überblick über die verwendeten Materialien der Substrate und Tinte als Beschichtungswerkstoff gegeben. Weiterhin wird die Anlagentechnik für die Beschichtung der Substrate und die thermische Nachbehandlung beschrieben. Zuletzt werden die eingesetzten Analyseverfahren für die elektrische und optische Charakterisierung angegeben.

4.1 Werkstoffe

Da in dieser Arbeit die Fertigungsqualität metallischer Messgitter mit Fokus auf der Materialdeposition und Schichtformierung im Vordergrund steht, leiten sich entsprechende Anforderungen an die verwendeten Materialien und Werkstoffe ab. Das Substratmaterial soll eine Größe aufweisen, die ein vielfaches Aufdrucken der Teststrukturen innerhalb eines Druckjobs ermöglicht, um die Gefahr statistischer Ausreißer bei der elektrischen Analyse zu minimieren. Die Oberflächenbeschaffenheit muss für die selektive Beschichtung mit einer metallischen Tinte eignen und reproduzierbare Benetzungseigenschaften aufweisen. Um den Einfluss unterschiedlicher Druck-Strategien auf die Schichtformierung und die erzielbaren elektrischen Eigenschaften bewerten zu können, muss das Substratmaterial eine Sinterung der aufgedruckten Metalltinte gemäß den Herstellervorgaben ermöglichen. Diese Anforderungen werden bspw. durch eine Folie aus Polyethylennaphthalat (PEN) Teonex Q65HA des Herstellers DuPont Teijin Films erfüllt [156]. Die Dicke der Folie beträgt 125 µm. Dieser Folientyp kommt wegen seiner Größe des Formats DIN A4, einer haftungsfördernden Oberflächenvorbehandlung, homogenen und reproduzierbaren Benetzungseigenschaften und einer thermischen Beständigkeit bis 200°C mit vernachlässigbarem Schrumpf für alle Untersuchungen zum Einsatz, die eine Analyse der elektrischen Eigenschaften vorsehen. Die Substrat-Folie ist beidseitig mit einer Schutzfolie versehen, die vor mechanischen Schäden wie Kratzern und Verunreinigungen durch z.B. Staub schützt und erst kurz vor der Ausführung des Druckjobs entfernt wird.

Für die qualitative Analyse der Schichtmorphologie ist die Biegsamkeit der PEN-Folie unvorteilhaft, sodass hierfür auf Substrate aus Kalk-Natron Glas zurückgegriffen wird. Hierfür werden Standard Glasobjektträger von Carl Roth mit den Abmessungen 76 x 26 mm^2 bei einer Dicke von 1 mm verwendet.

Als Beschichtungswerkstoff wird eine kommerzielle Silber-Nanopartikeltinte von Merck (ANP Silverjet DGP 40LT-15C, Advanced Nano Products Co., Ltd, Sejong, Korea) verwendet. Da verfügbare Konstantan-Tinten Sintertemperaturen von über 350°C erfordern und zu Oxidation neigen [157], stellt ihre Verwendung spezielle Anforderungen an Sinterverfahren und Substratwerkstoffe, die nicht innerhalb dieser Arbeit untersucht werden. Eine grundsätzliche Übertragbarkeit der

Ergebnisse dieser Arbeit auf den Werkstoff Konstantan ist in Stichversuchen überprüft. Um über einen erhöhten Stichprobenumfang zu verfügen, werden die Druckversuche mit dem o.g. Silberwerkstoff durchgeführt. Die ANP-Silbertinte ist eine bekannte und bewährte Tinte auf dem Gebiet der gedruckten Elektronik und wurde bereits in vielfachen Untersuchungen verwendet, z. B. in [75, 100, 103, 104, 109, 158 bis 163]. Die Tinte enthält 30-35 Gew.-% Silbernanopartikel in Tri-Ethylenglykolmonomethylether (TGME) als polares Lösungsmittel.

4.2 Geräte und Anlagentechnik

4.2.1 Inkjetdrucker

Der Inkjetdruck erfolgt mit einem Drop-on-Demand-Inkjetdrucker (PiXDRO LP50) von SÜSS MicroTec Netherlands B.V., Eindhoven, Niederlande (ehemals Meyer Burger B.V.), siehe Bild 16. Der Drucker ist mit einem 128-Düsen-Druckkopf (Fujifilm Dimatix Spectra SE-128 AA) mit einem nominalen Tröpfchenvolumen von 30 pl ausgestattet und arbeitet nach dem Shear-Mode Prinzip [40, 164].

Bild 16: Inkjetdrucker Pixdro LP50

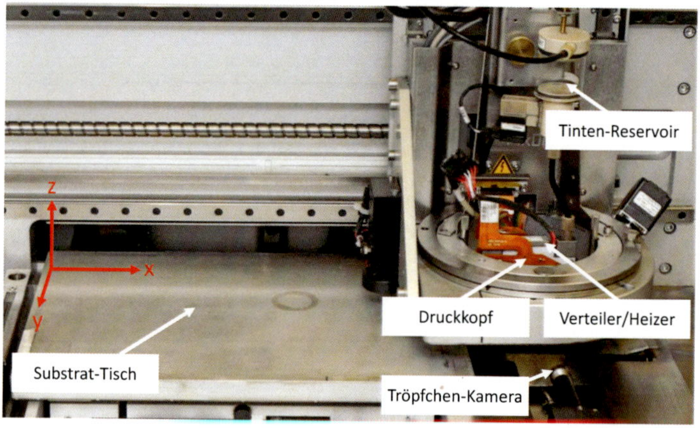

Aus dem Tinten-Reservoir fließt die Silbertinte durch einen beheizbaren Verteiler und speist die zwei Eingangskanäle des Druckkopfes, durch den die Tinte auf die Druckdüsen verteilt wird. Der Unterdruck im Tinten-Reservoir beträgt -23 mbar und verhindert ein unkontrolliertes Ausfließen von Tinte. Der beheizbare Verteiler temperiert den Druckkopf und die Tinte bis zu den Austrittsdüsen auf 40°C. Das angelegte Spannungs-Signal am Piezo-Wandler der Druck-Düse lässt sich wie folgt beschreiben: Die Spannung erhöht sich in 2 µs von 0 V auf 90 V, verweilt 8 µs lang auf der maximalen Spannung und fällt in 2 µs wieder auf 0 V zurück. Alle Experimente werden mit einer Düse, einem Abstand zwischen Düse und Substrat von ca. 1 mm und unidirektionalem Druck durchgeführt. Der Substrattisch des Druckers wird auf 60 °C aufgeheizt und fixiert die aufgelegte Substrat-Folie mittels Unterdrucks. Über eine Tröpfchen-Kamera kann die Form und Geschwindigkeit der erzeugten Tröpfchen analysiert werden. Ihre Geschwindigkeit beträgt (vgl. Bild 81 im Anhang)

$$v_\mathrm{T} = \frac{790\ \mu\mathrm{m}}{120\ \mu\mathrm{s}} \approx 6{,}6\ \frac{\mathrm{m}}{\mathrm{s}}$$

Die Druckeranlage befindet sich nicht in einem Reinraum, sondern wird in einem normalen Labor betrieben. Zum Schutz vor Staub und Schmutzpartikeln in der Luft befindet sich die Druckeranlage in einer Flowbox die einen laminaren Strom gefilterter Raumluft erzeugt.

4.2.2 Ofen

Nach Beendigung des Druckvorgangs verbleibt das PEN-Substrat für ca. 30 min. im Drucker, bis die Farbe getrocknet ist. Die Sinterung erfolgt für 30 min. bei 150 °C in einem Umluftofen (Modell FDL 115, BINDER GmbH, Tuttlingen, Deutschland). Dazu wird das beschichtete PEN-Substrat zur gleichmäßigen Wärmeeinwirkung auf eine 1,5 mm dicke Aluminiumplatte gelegt und in den vorgeheizten Ofen geschoben. Nach Ablauf der Zeit wird das PEN-Substrat auf eine Metallplatte bei Raumtemperatur gelegt, so dass die Wärmezufuhr abrupt unterbrochen wird.

4.3 Analyse-Verfahren

Die hergestellten Proben werden einer elektrischen und optischen Analyse unterzogen. Die hierfür verwendeten Geräte und Methoden werden in diesem Unterkapitel beschrieben. Während die elektrischen Eigenschaften erst nach abgeschlossener Sinterung bestimmt werden, erfolgt eine Kontrolle mittels optischer Analyse – insbesondere auflichtmikroskopisch – entlang der Herstellungsprozesskette.

4.3.1 Auflichtmikroskopie

Mittels Auflichtmikroskopie wird die Materialdeposition und Schichtbildung beobachtet, sodass Rückschlüsse auf mögliche Fehlerquellen (wie Substratverschmutzung oder ungleichmäßige Tröpfchenbildung) entlang der Herstellungsprozesskette gezogen werden können. Ebenso kann die laterale Verteilung des deponierten Materials quantifiziert werden, um z.B. Leiterbahnbreiten zu bestimmen. Hierfür kommt ein Digital-Mikroskop VHX-700F (Keyence GmbH, Neu-Isenburg, Deutschland) mit einem Universal-Zoomobjektiv VH-Z100R (Vergrößerung 100-1000fach) desselben Herstellers zum Einsatz.

4.3.2 Weißlichtinterferometrie

Eine qualitative Analyse der erzielten Schichtmorphologie wird mittels Weißlichtinterferometrie durchgeführt. Hierbei wird die Interferenz einer kurzkohärenten Lichtquelle ausgenutzt, um Oberflächenprofilmessungen bis in den Nanometerbereich zu erfassen. Hierfür wird ein Weißlichtinterferometer Nexview™ NX2 des Herstellers Zygo Corporation, Middlefield, USA, verwendet.

4.3.3 Widerstandsmessung

Die elektrischen Eigenschaften der hergestellten resistiven DMS-Messgitter geben die für diese Arbeit wesentliche Charakterisierungsgröße an und werden für die Beurteilung der Fertigungsqualität herangezogen. Die Messung einzelner Widerstandselemente wie in den Kapiteln 5 bis 7 angegeben, erfolgt über ein Digital-Multimeter U1272A des Herstellers Keysight Technologies, Santa Rosa, USA. Die Bestimmung des elektrischen Widerstands findet mittels 2-Draht Messung statt und ein Abgriff erfolgt über handgeführte Tastspitzen, die jeweils mittig auf den gedruckten metallischen Kontaktpads aufgesetzt werden. Die Variation des Kontaktwiderstandes durch unterschiedlichen Anpressdruck wurde durch Wiederholungsmessungen bestimmt und liegt in der Größenordnung 10 bis 100 mΩ. Der abgelesene Widerstandswert wird auf ganze 1 Ω gerundet, sodass ein vernachlässigbarer Fehlereinfluss durch die handgeführte Messung anzunehmen ist.

5 Inkjet-Druck von DMS-Messgittern senkrechter Gitterorientierungen

Teile der in diesem Kapitel dargestellten Ergebnisse wurden bereits unter dem Titel „Rotation Grids for Improved Electrical Properties of Inkjet-Printed Strain Gauges“ in Sensors (MDPI) veröffentlicht [84].

Die sensorische Funktion eines DMS wird maßgeblich durch das Messgitter, also einen meist mäanderförmigen elektrischen Leiter bestimmt. Die Form des Leiters kann in mehrere Segmente unterteilt werden. Der Leiter besteht aus mehreren dünnen langen Leiterbahnen (Linien-Segmente), die parallel zueinander angeordnet sind. An ihren Enden werden sie jeweils durch breite Leiterbahnen (Flächen-Segmente) miteinander verbunden. Dieses Design ist derart gewählt, dass unter einer mechanischen Verformung (Stauchung/Streckung) senkrecht zur Linienorientierung die Änderung des elektrischen Widerstandes möglichst gering ist, in Linienorientierung möglichst hoch. Der wesentliche Teil der Widerstandsänderung wird durch die Linien-Segmente beigetragen, da in dem beschriebenen Design die relative Änderung von Leiterlänge und Leiterquerschnitt größer als die der Flächenelemente ist.

Daher ist bei der additiven Herstellung von mäanderförmigen Messgittern für DMS mit Fokus auf Qualität und Verringerung der Fertigungstoleranzen besonders Wert auf die Ausbildung der Linien-Segmente zu legen. Wie in Kap. 2.2.3 dargestellt, können Inkjet gedruckte feine Strukturen einer Abhängigkeit von der Druckrichtung unterliegen. Mit feinen Strukturen sind hier gedruckte dünne Linien (die Linien-Segmente des DMS-Messgitters) gemeint, die sich durch Aneinanderreihung von Einzeltröpfchen ausbilden. Alle Tröpfchen sind entlang einer Linie angeordnet. In der Rastergrafik der Druckvorlage ist eine dünne Linie entsprechend einer Reihe oder Spalte schwarz gefüllter Pixel, die eine Breite von genau einem Pixel hat.

Geht man hinaus über den Druck von DMS-Messgittern einer Orientierung hin zu zwei senkrechten Orientierungen, so ergibt sich inhärent eine Herausforderung. Wie bei den in Bild 13 dargestellten Linien auf einem Pixel-Raster in zwei Orientierungen, liegt eine Orientierung des DMS in Druckrichtung, die andere entsprechend senkrecht dazu.

5.1 Änderung der Druckrichtung je Gitterorientierung

Als offensichtliche Lösung diesen Effekt zu berücksichtigen, erscheint zunächst, nur die Linien einer Orientierung zu drucken, die Druckrichtung um 90° zu drehen und dann die Linien der zweiten Orientierung ergänzend zu drucken. Bei der zunächst einfach erscheinenden Umsetzung ergeben sich jedoch unmittelbar zusätzliche Herausforderungen. So sind die Daten der Druckvorlage inhaltssensitiv aufzuarbeiten und z.B. auf zwei Druckvorlagen aufzuteilen, die dann nacheinander aufgedruckt werden. Das geht zum einen mit einer Erhöhung der Prozesszeit im

Vergleich zum konventionellen Vorgehen einher. Zum anderen muss zusätzlich zwischen dem ersten und zweiten Druckschritt die Druckorientierung zum Bauteil geändert werden.

Die erste Möglichkeit ist eine Rotation des Bauteils. Dabei ist die Positionierung besonders wichtig, um die Druckbilder präzise zu überlagern. Lageabweichungen in der Größenordnung des Tröpfchen-Abstandes (meist < 50µm) können zu unbrauchbaren Druckergebnissen führen. Die zweite Möglichkeit ist die Änderung der Druckrichtung über das Achssystems des Druckers inkl. einer Rotation des Druckkopfes. Sofern die Druckanlage diesen Modus hard- und softwareseitig unterstützt, sind für die xy-Positionierung meist unterschiedliche Linearantriebsachsen verbaut, welche sich im dynamischen Verhalten unterscheiden können. Wird eine Einzelzeile bspw. mit einer verminderten Geschwindigkeit gedruckt, muss die Tröpfchenausstoßfrequenz angepasst werden, was wiederum einen Einfluss auf das Druckergebnis nach sich ziehen kann.

Eine Änderung der Druckrichtung kann somit einen negativen Einfluss auf die Prozessdauer haben und die technischen Anforderungen sowie den Umsetzungsaufwand massiv erhöhen (Datenaufbereitung, Hard- und Software des Druckers). Die Rotation des Bauteils oder des Druckkopfes kann bei unpräziser Re-Positionierung die Qualität des Druckergebnisses herabsetzen. Die Nutzung unterschiedlicher Druckrichtungen ist für eine inline-Fertigung nachteilig, da die Anzahl sowie die Komplexität der Fertigungsschritte ansteigen, ebenso wie die Fehleranfälligkeit. Eine Änderung der Druckrichtung durch Rotation von Druckkopf oder Substrat wird daher als nicht als zielführend eingeschätzt und somit nicht bei den weiteren Experimenten untersucht.

5.2 Rotation der Druckvorlage um 45°

Einen neuen Lösungsansatz für den Druck von DMS-Halbbrücken als T-Rosette beschreiben Polzinger und Krutsch [65, 165]. Dabei müssen weder mehrere Druckjobs ausgeführt werden noch ist eine Drehung des Bauteils oder eine Anpassung der Druckkopf-Orientierung – sofern anlagentechnisch möglich – erforderlich. Hierbei wird unter Beibehaltung der eingestellten Druckrichtung die gesamte zu druckende Struktur, beide Linienorientierungen enthaltend, um 45° rotiert. Es erfolgt eine Rotation in der Bilddatei der Druckvorlage. So können zwei zueinander orthogonale Linien gleichartig unter 45° Verkippung zur Druckorientierung in einem einzigen Druckjob erzeugt werden [65, 165]. Wie bereits in Kapitel 2.4.1 dargelegt, wird die exakte Vorgehensweise bei der Bilddrehung um 45° nicht beschrieben. Für die so bearbeiteten Teststrukturen (um 45° rotierte DMS T-Rosette) wurden Linien im Messgitter von 2 bzw. 3 Pixeln Breite für die experimentellen Arbeiten verwendet. Das legt nahe, dass die in Kapitel 2.2.2 beschriebenen und in Kapitel 5.2.1 exemplarisch gezeigten Artefakte in der Druckvorlage den Druck erschweren. Eine Rotation um 45° dieser Art bei Breiten der Messgitterlinien von einem Pixel, kann zu so starken Veränderungen der Rastergrafik führen, dass im Druckbild die deponierte Materialdichte auf den Linien stark variiert und es zu Unterbrechungen der elektrischen Leiter kommt. Schon bei den nicht rotierten Druckvorlagen mit einem Pixel Breite wird von bis zu 80% defekter Strukturen berichtet [65].

5.2.1 Aufbereitung CAD-Daten und Probleme gängiger Bildverarbeitungsroutinen

Während die grundsätzliche Einführung in Kapitel 2.2.2 anhand eines abstrakten Beispiels erfolgt, wird in Bild 17 die Druckvorlage eines Referenz-DMS definiert. Da in dieser Arbeit Bilddateien auf unterschiedlichen Gittertypen abgebildet sind, ist ab diesem Kapitel jede für den Inkjet-Druck bestimmte Rastergrafik mit einem farbigen Rahmen versehen und die Titelzeile mit dem Gittertyp beschriftet. Diese Konvention kommt ab Bild 17 zur Anwendung und soll dem Leser bei der Unterscheidung der Gittertypen dienlich sein.

Bild 17: Referenz-DMS

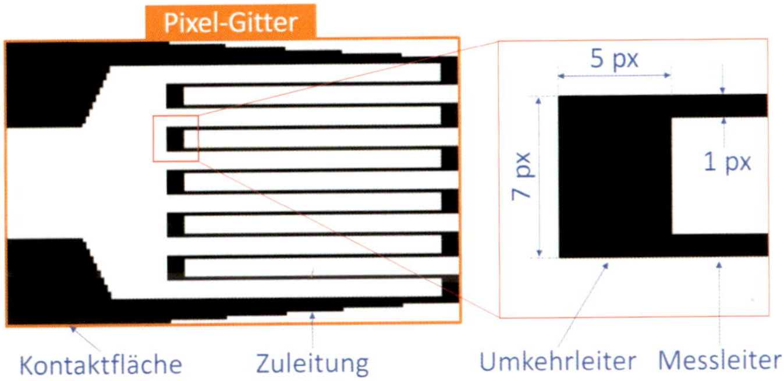

Der Referenz-DMS verfügt über ein Messgitter aus 10 Messleitern von einem Pixel (px) Breite und jeweils 73 Pixeln Länge. Die Messleiter werden in ihrer Form auch als Linie bezeichnet. Sie werden über Umkehrleiter von 5 Pixeln Breite und 7 Pixeln Höhe miteinander verbunden. Die Umkehrleiter werden in ihrer Form auch als Fläche bezeichnet. Über Zuleitungen sind die seriell angeordneten Mess- und Umkehrleiter an die Kontaktflächen angebunden. An den Kontaktflächen erfolgt die Anbindung zur externen Messelektronik. Zuleitungen und Kontaktflächen werden ebenfalls als Flächen bezeichnet.

Für die Definition des Referenz-DMS liegt ein Pixel-Gitter zugrunde. D.h. alle Pixel oder Zellen des Rasters sind quadratischer Form und die Druckauflösungen in x- und y-Richtung sind identisch. Außerdem darf jeder Pixel des Rasters genutzt werden, es gibt keine „verbotenen" Zellen des Rasters. Eine Abweichung von den quadratischen Pixeln ist in der Drucktechnik z.B. beim Halbrasterdruck gebräuchlich [41] (S.255). Hierbei wird in einer Richtung des Druckrasters die Auflösung verdoppelt, um die Positionierung einzelner Druckpunkte an angewinkelten Kanten zu verändern. Damit lässt sich eine Erhöhung der optischen Kantenschärfe im grafischen Druck erzielen.

Die Druckauflösungen in x- und y-Richtung des Referenz-DMS in Bild 17 betragen jeweils 500 DPI. Das Raster hat eine Grundfläche von 129 x 79 Pixeln. 3.311 Pixel sind schwarz oder „gefüllt“, was einer Deposition von 3.311 Material-Tröpfchen beim Druck entspricht. Davon entfallen 730 Pixel bzw. Material-Tröpfchen auf die Messleiter. 73 Pixel eines einzelnen Messleiters bei 500 DPI entsprechen einer effektiven Messgitterlänge von ca. 3,71 mm. Die Druckauflösung von 500 DPI gibt unmittelbar die Materialdichte entlang der Messleiter an. Dies entspricht einem Mittenabstand zweier benachbarter Materialpunkte von 50,8 µm.

Ausgehend vom Design des Referenz-DMS aus Bild 17 wird eine Auswahl von Rotations-Transformationen vorgestellt. Hierbei gibt es unterschiedliche Möglichkeiten der Interpolation bzw. Bildneuberechnung. Als Programm wird Adobe Photoshop CC 2019 verwendet. Die Ergebnisse sind in Bild 18 dargestellt.

Bild 18: Rotation der Druckvorlage nach konventioneller Bildverarbeitung

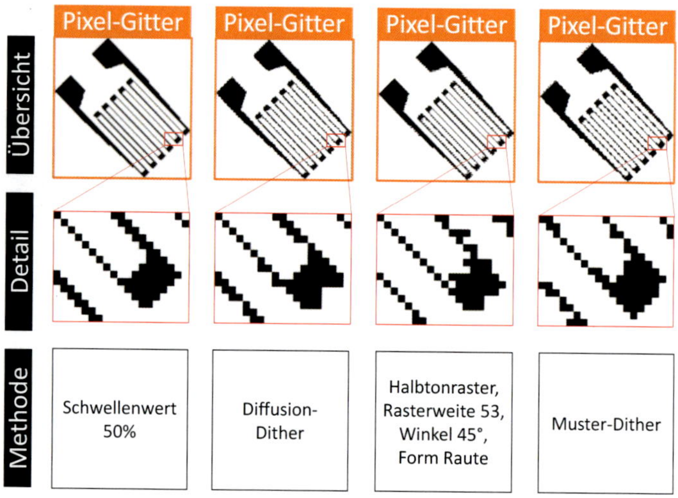

Analog zur Vorgehensweise in Kapitel 2.2.2, Bild 12 (D) bis (F) wird die Rastergrafik von 1 Bit Farbtiefe im ersten Schritt nach 8 bit Farbtiefe (Graustufen) konvertiert. Der Algorithmus zur Rotation ist nicht für native 1 Bit Rastergrafiken implementiert und weiterhin dienen die durch die Rotation berechneten Grauwerte als Basis für den abschließenden Schritt. Die erforderliche Reduktion der Farbtiefe zurück zu 1 Bit, wie für den Inkjet-Druck gefordert, kann in ihrer Methode variieren.

Vier verschiedene Methoden sind entsprechend in Bild 18 dargestellt. Die Methode des Schwellenwertes ist einfach anzuwenden, führt aber im Grafikdruck zu einer Verminderung der wahrgenommenen Druckqualität. Daher haben sich Dithering- und Raster-Algorithmen etabliert, die durch bestimmte Pixel-Anordnungen fehlende Farben oder Helligkeitsstufen nachbilden [44]. Im Grafikdruck kann hiermit die wahrgenommene Bildqualität bei geringer Farbtiefe verbessert werden. Die vier gewählten Methoden repräsentieren das Spektrum üblicherweise verwendeter Techniken, bilden diese jedoch nicht umfassend ab. Gemein ist ihnen, dass das optische Erscheinungsbild im Grafikdruck verbessert werden soll.

Die Methode der Farbtiefenreduktion wirkt sich entscheidend auf die resultierende Anzahl und Verteilung schwarzer Pixel und damit auf die Materialverteilung im Druckbild aus. Neben dem optischen Erscheinungsbild aus den Detailausschnitten in Bild 18 lassen sich Werte für die Materialmenge im gesamten Druckbild, für die Messleiter insgesamt und aufgeschlüsselt nach den einzelnen Leitersegmenten angeben. Diese sind in Bild 19 und Bild 20 dargestellt. Die Werte des Referenz-DMS sind als Referenz eingezeichnet.

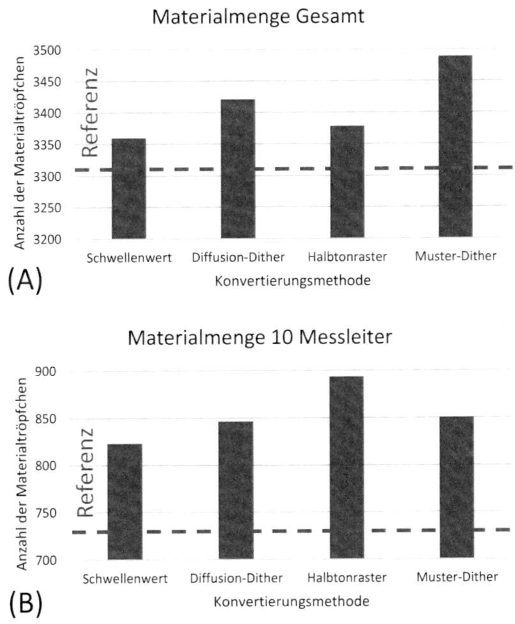

Bild 19: Materialdistribution des Referenz-DMS nach konventioneller Rotation (A) Materialmenge im gesamten Druckbild (B) Materialmenge der 10 enthaltenen Messleiter

Bild 19 (A) gibt die für die vier Methoden (vgl. Bild 18) jeweils resultierenden Materialmengen der Druckvorlagen an. Die Werte beziehen sich auf die Summe aus Kontaktflächen, Zuleitungen, Umkehrleiter und Messleiter. Alle Methoden führen zu einer Veränderung, konkret einer Erhöhung der Anzahl gefüllter Pixel in der Rastergrafik und damit zu einer Erhöhung der nach der entsprechenden Druckvorlage resultierenden Deposition von Material. Diese Art der Transformation widerspricht den beiden in der Zielsetzung (Kapitel 3.2) definierten Forderungen zum Erhalt digitaler Informationen.

Reduziert sich die Analyse auf die 10 Messleiter und damit die Elemente, die den wesentlichen Anteil zum Messsignal liefern sollen (Bild 19 (B)), so ist auch hier für alle angewendeten Methoden eine Erhöhung der Materialmenge von der Referenz festzustellen. Ein Vergleich der Materialmenge der 10 Messleiter zur gesamten Druckvorlage (Bild 19 (A) – (B)) zeigt, dass diese Erhöhung innerhalb einer Methode unterschiedlich ausgeprägt ausfällt. Also wirken die Methoden zur Transformation unterschiedlich auf Flächen- und Liniensegmente innerhalb der Rastergrafik. Ein weitergehender Vergleich der einzelnen Messleiter untereinander enthüllt weitere Schwierigkeiten dieses Ansatzes zur Rotation. Bild 20 gibt für die vier Methoden jeweils die Materialmenge aufgeschlüsselt nach den einzelnen Messleitern an, wobei die Messleiter aus Bild 18 von oben nach unten aufsteigend nummeriert sind. Ein Erzielen des Referenzwertes auf allen Messleitern kann mit keiner Methode erreicht werden.

Bild 20: Materialdistribution des Referenz-DMS nach konventioneller Rotation – aufgeschlüsselt nach einzelnen Messleitern

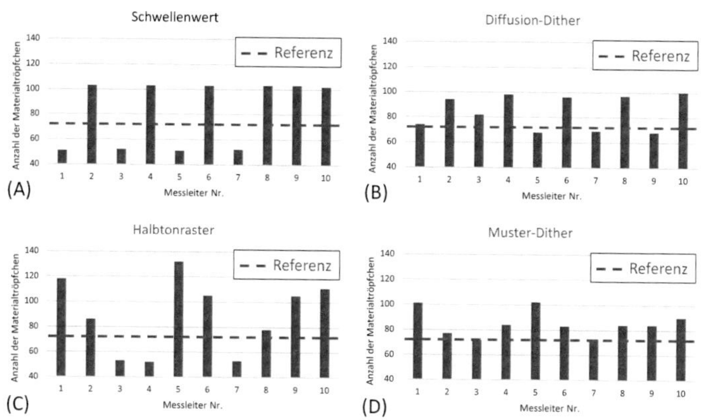

Die Methoden Diffusion-Dither, Halbtonraster und Muster-Dither erzeugen innerhalb der einzelnen Messleiter eine unregelmäßige Materialverteilung, sodass eine Materialdichte, die die erzeugbaren Leiterquerschnitte und elektrischen Eigenschaften repräsentieren könnte, nicht angegeben werden kann. Lediglich mit der Methode Schwellenwert können in diesem Beispiel Messleiter regelmäßiger Materialverteilung erzeugt werden, wenn auch zweier unterschiedlicher, die nicht mit der Referenz in Übereinstimmung gebracht werden können. Der Grund hierfür ist in der Festlegung des Gitters bzw. des Gitterzellenabstandes zu finden.

5.2.2 Diagonal-Gitter

Um den in Kapitel 5.2.1 illustrierten Konflikt aus Rotation der Druckvorlage zur Verbesserung der elektrischen Eigenschaften und mangelhafter Abbildung auf ein

Pixel-Gitter aufzulösen, wird in diesem Unterkapitel ein neuer Gittertyp eingeführt: Das Diagonal-Gitter (vgl. Bild 21). Mit einer positiven Rotation ist die Drehung des Bildinhalts im Uhrzeigersinn gemeint. Die Rotation um einen Winkel α mit negativem Vorzeichen entspricht einer Drehung entgegen dem Uhrzeigersinn.

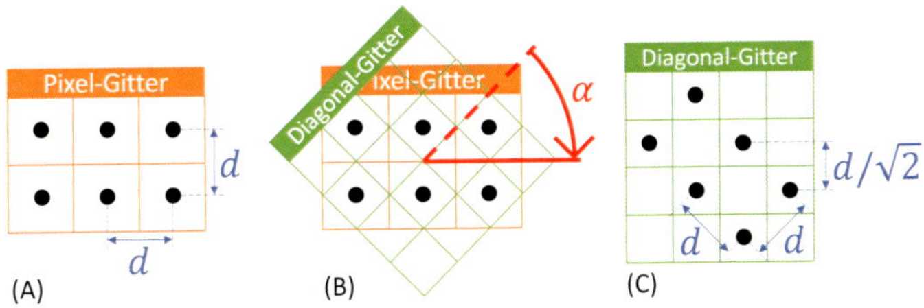

Bild 21: Verlustfreie Bildrotation um 45° durch Übertragung auf ein Diagonal-Gitter (A) Bildinhalt auf einem Pixelgitter. (B) Überlagerung eines gedrehten Diagonal-Gitters. (C) Resultierender gedrehter Bildinhalt.

Bild 21 (A) zeigt ein Raster mit zwei Zeilen und drei Spalten auf einem Pixel-Gitter. Das Pixel-Gitter ist quadratisch, d.h. die Kantenlänge jedes Pixels ist in x- und y-Richtung identisch. Die schwarzen Punkte geben jeweils den Zellenmittelpunkt an. Bei einer Rastergrafik stellt der Zellenmittelpunkt den Mittelpunkt eines deponierten Materialtröpfchens im Druckbild dar. Der Abstand d der Zellenmittelpunkte kann auch als Gitterkonstante bezeichnet werden und ist für das Druckbild über die Druckauflösung (in DPI) einzustellen.

Es lässt sich nun ein um 45° rotiertes quadratisches Gitter finden, sodass sich alle Zellenmittelpunkte des Pixel-Gitters als Zellenmittelpunkte des neuen Gitters darstellen lassen. Die einfachste Ausführung eines derartigen Gitters ist in Bild 21 (B) gezeigt, und wird im Folgenden als Diagonal-Gitter bezeichnet, da sich die Zeilen und Spalten in der gezeigten Überlagerung entlang der Diagonalen des Pixel-Gitters erstrecken. Anhand von Bild 21 (B) kann unmittelbar nachvollzogen werden, dass sich die Lagebeziehungen der schwarzen Punkte untereinander nicht verändern und im Sinne der in Kap. 3.2 geforderten Ziele ein Erhalt von Bildinformationen möglich ist. Damit verändern sich weder die deponierte Gesamtmaterialmenge noch die resultierende Materialdichteverteilung im Druckbild. Ebenso kann aus der Überlagerung die geänderte Gitterkonstante abgeleitet werden. Bild 21 (C) zeigt das Diagonal-Gitter inkl. der übertragenen Punkte um 45° gegenüber (B) rotiert.

Der verkleinerten Gitterkonstanten wird im Druck durch eine um den Faktor $\sqrt{2}$ vergrößerten Auflösung Rechnung getragen. Bei einem Pixel-Gitter mit m Zeilen und n Spalten beträgt die Anzahl an Zeilen und Spalten für das Diagonal-Gitter jeweils $m + n - 1$. Je nach Bildinhalt können nach der Rotation auf das Diagonal-Gitter leere Zeilen oder Spalten an den äußeren Rändern auftreten. Das Bild kann optional freigestellt werden, um leere Ränder zu entfernen.

Die in diesem Kapitel eingeführten und in Bild 21 gezeigten Diagonal-Gitter stellen eine Möglichkeit dar, eine verlustfreie Bildrotation von Rastergrafiken auszuführen. Es lassen sich mathematisch beliebig viele weitere Gitter finden, die eine Übertragung aller Zellenmittelpunkte des Pixel-Gitters ermöglichen.

5.2.3 u-v-Rotations-Gitter

In diesem Unterkapitel wird der Ansatz der Diagonal-Gitter und die verwendete Transformation aufgegriffen und eine allgemeine Systematik abgeleitet, welche die verlustfreie Bildrotation durch überlagerte Gitter ermöglicht. Die verallgemeinerte Ausprägung des vorgestellten Diagonal-Gitters wird als u-v-Rotations-Gitter (kurz: u-v-Gitter) bezeichnet. Die Variablen u und v können Werte natürlicher Zahlen annehmen. Das einfachste Rotations-Gitter ist ein 1-1-Gitter, welches dem in Bild 21 eingeführten Diagonal-Gitter entspricht. Die Werte für u und v können aus einem Steigungsdreieck (vgl. Bild 22 und Bild 23) abgelesen werden.

Für einen Rotationswinkel von 45° existieren mehrere Möglichkeiten ein u-v-Gitter zu definieren. Sie besitzen eine neue Gitterkonstante $d/(n \cdot \sqrt{2})$ mit $n \in \mathbb{N}$. Für $n = 1$ und $n = 2$ sind in Bild 22 (A) und (D) entsprechende Überlagerungen dargestellt. Der Fall $n = 1$ entspricht den im voran gegangenen Kapitel beschriebenen Diagonal-Gittern. Des Weiteren lassen sich auch für andere Rotationswinkel überlagernde Gitter finden und klassifizieren.

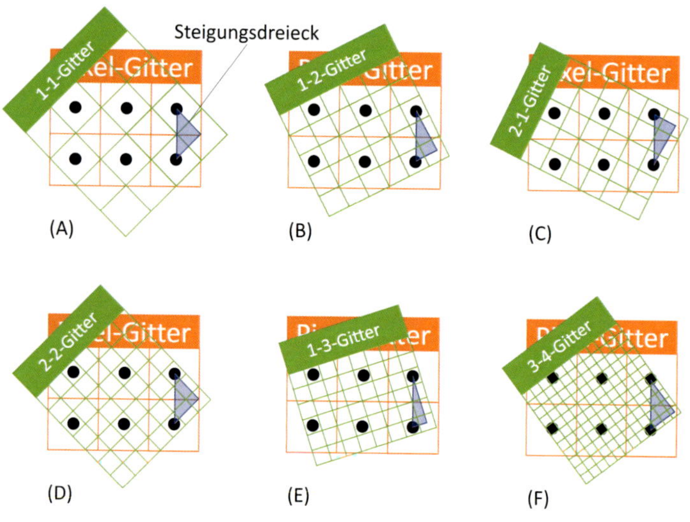

Bild 22: (A)-(F) Beispiele für unterschiedliche u-v-Rotations-Gitter und ihre Benennung (vgl. Bild 23).

Beispiele weiterer Möglichkeiten überlagernder Gitter für eine verlustfreie Bildrotation sind in Bild 22 dargestellt. In den Gittern ist jeweils ein blaues Steigungsdreieck angegeben, welches im Folgenden und mithilfe von Bild 23 näher erläutert wird. Ferner ist in der Titelzeile der überlagernden Gitter eine Bezeichnung zur eindeutigen Identifikation und Klassifizierung der Gitter angegeben.

Bild 23: Steigungsdreiecke zur Klassifizierung von u-v-Gittern für die Beispiele (A-F) gemäß Bild 22.

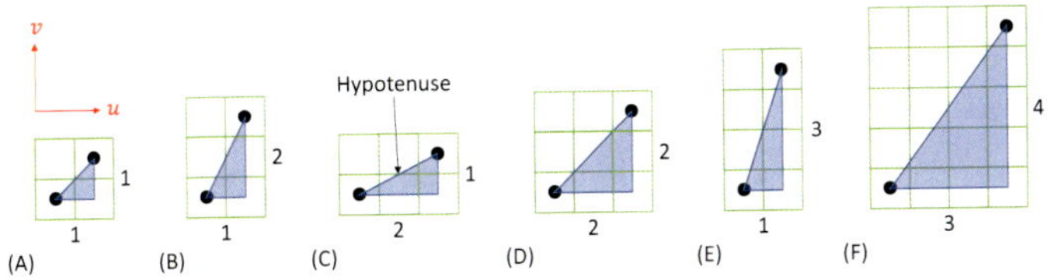

Bild 23 gibt für die sechs Gittertypen aus Bild 22 in der entsprechenden Reihenfolge die Steigungsdreiecke an. Zur Veranschaulichung sind die schwarzen Zellenmittelpunkte des ursprünglichen Pixel-Gitters mit eingezeichnet. Die Zahlenwerte in u- und v-Richtung aus Bild 23 geben jeweils an, um wie viele Zellen die Punkte zueinander verschoben sind. Diese Werte werden für die Klassifizierung und Namensgebung nach dem Schema „u-v-Gitter" genutzt (vgl. Bild 22). Es gilt dabei $u, v \in \mathbb{N}$. Aus der Bezeichnung kann unmittelbar der Rotationswinkel α berechnet werden gemäß

$$\alpha = \arctan\left(\frac{v}{u}\right) .$$

In Abhängigkeit von u und v lassen sich für den Rotationswinkel α folgende Fälle unterscheiden:

- Fall 1 $u < v$: $0° < \alpha < 45°$
- Fall 2 $u = v$: $a = 45°$
- Fall 3 $u > v$: $45° < \alpha < 90°$

Aus der Bezeichnung des Gitters kann folglich abgelesen werden, ob die Rotation kleiner, gleich oder größer als 45° ist. Eine weitere wesentliche Kenngröße stellt die Länge der Hypotenuse λ des rechtwinkligen Dreiecks dar, die sich gemäß

$$\lambda = \sqrt{u^2 + v^2}$$

berechnet und die Änderung der Gitterkonstante durch ein entsprechendes Rotationsgitter definiert. Diese ändert sich um einen Faktor λ^{-1}. Daraus ergibt sich unmittelbar die Änderung der einzustellenden Druckauflösung, um die geänderte Gitterkonstante auszugleichen. Durch die Änderung der Druckauflösung um den Faktor λ wird die ursprüngliche Materialdichteverteilung (abgesehen von der gewünschten Bildrotation) erhalten. Dies wird im Folgenden als Auflösungsanpassungsfaktor λ bezeichnet.

Für die Beispiele aus Bild 22 sind die Werte u, v, der Rotationswinkel α und der Auflösungsanpassungsfaktor λ in Tabelle 1 zusammengefasst.

Tabelle 1: Werte u, v, Rotationswinkel α und Auflösungsanpassungsfaktor λ für die Beispiele (A) bis (F) nach Bild 22.

	u [-]	v [-]	α [°]	λ [-]
(A)	1	1	45	$\sqrt{2} \sim 1{,}414$
(B)	1	2	~ 26,57	$\sqrt{5} \sim 2{,}236$
(C)	2	1	~ 63,43	$\sqrt{5} \sim 2{,}236$
(D)	2	2	45	$\sqrt{8} \sim 2{,}828$
(E)	1	3	~ 18,43	$\sqrt{10} \sim 3{,}162$
(F)	3	4	~ 36,87	$\sqrt{25} = 5$

Der Auflösungsanpassungsfaktor λ hat in der Anwendung der Rotationsgitter eine entscheidende Bedeutung.

Beispiel 1: Wird für die Rotation ein Diagonal-Gitter bzw. ein 1-1-Gitter verwendet (vgl. Bild 22, Bild 23, Tabelle 1 jeweils (A)), beträgt $\lambda = \sqrt{2}$. Liegt die ursprüngliche Druckauflösung vor der Rotation bei 500 DPI, ändert sich die Druckauflösung zu $\sqrt{2} \cdot 500$ DPI $\sim 707{,}107$ DPI.

Beispiel 2: Wird hingegen für die Rotation ein 3-4-Gitter verwendet (vgl. Bild 22, Bild 23, Tabelle 1 jeweils (F)), beträgt $\lambda = 5$. Damit ändert sich die Druckauflösung von 500 DPI zu $5 \cdot 500$ DPI $= 2.500$ DPI.

Diese angepasste Druckauflösung muss von der Systemtechnik des Druckers unterstützt werden. Es ergeben sich zwei Herausforderungen: Da für die beschriebenen Rotationsgitter $\lambda \geq \sqrt{2}$ gilt, kommt es zu einer Erhöhung der zu nutzenden Druckauflösung. Die Auflösung für eine bestimmte Rotation lässt sich eventuell nicht einstellen, da diese zu groß ist und deswegen nicht von der Druckeranlage unterstützt wird. Eine weitere Einschränkung kann darin bestehen, dass die Druckeranlage nur dedizierte diskrete Werte für die Druckauflösung unterstützt. Der in dieser Arbeit genutzte Inkjet-Drucker PixDro LP50 setzt (im Rahmen der Messgenauigkeit der bei der Analyse verwendeten Auflichtmikroskopie und der Wiederholgenauigkeit der Antriebsachsen) die eingestellten Werte der Druckauflösung korrekt um.

Um einen Überblick des möglichen Lösungsraums der Rotationsgitter zu erhalten, sollten zwei Kenngrößen im Detail betrachtet werden: Der Rotationswinkel α sowie der Auflösungsanpassungsfaktor λ. Beide Größen haben einen unmittelbaren Einfluss auf das Druckergebnis und die Umsetzbarkeit auf der Druckeranlage. Drüber hinaus sind diese über die u- und v-Werte fest miteinander verknüpft. Dieser Zusammenhang ist in Bild 24 dargestellt. Für alle möglichen Kombinationen von u- und v-Werten ≤ 4 ist der Auflösungsanpassungsfaktor λ gegen den Rotationswinkel α aufgetragen.

Zur Zuordnung sind die u- und v-Werte jeweils eingezeichnet und auf der Mittelachse die Punkte für einen Rotationswinkel von 45° bei $u = v$ markiert. Die Punkte sind symmetrisch um die Mittelachse bei 45° angeordnet, was sich aus der zugrunde liegenden trigonometrischen Arkustangens-Funktion ergibt. Weiterhin sind die Beispiele aus Bild 22, Bild 23 und Tabelle 1 mit (A) bis (F) markiert.

Bild 24: Zuordnung der Rotationswinkel sowie Auflösungsanpassungsfaktor für u-v-Gitter mit $1 \leq u, v \leq 4$.

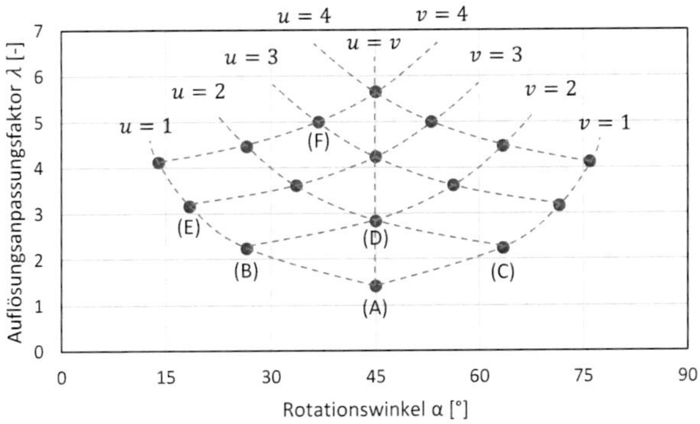

Für u- und v-Werte ≤ 20, ergibt sich die in Bild 25 gezeigte erweiterte Verteilung. Eine Wertetabelle zu allen dargestellten Punkten ist in Kap. 10.4 zu finden.

Bild 25: Zuordnung der Rotationswinkel sowie Auflösungsanpassungsfaktor für u-v-Gitter mit $1 \leq u, v \leq 20$.

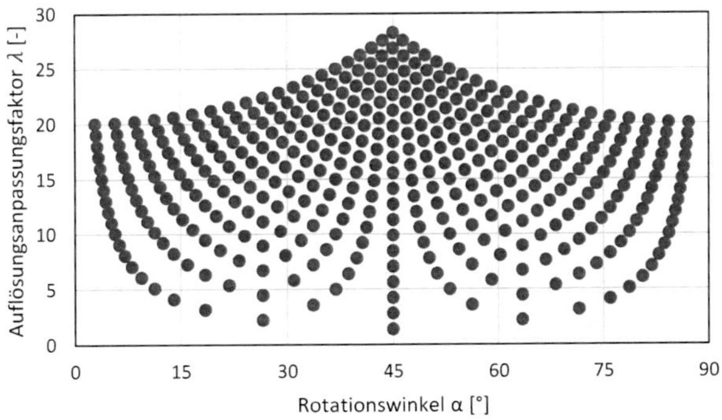

Die Werteverteilung bezogen auf den Rotationswinkel zeigt eine symmetrische Verteilung wie in Bild 24. Jedoch sind die Werte zwischen 0° und 45° und ebenso zwischen 45° und 90° nicht gleichmäßig verteilt. Dies zeigt sich ausgeprägt nahe der Winkel 0°, 45° und 90° und liegt in dem gebrochen rationalen Argument der Arkustangens-Funktion begründet. Erst durch eine weitere Erhöhung der u- und v-Werte ist eine asymptotische Annährung an die genannten Winkel möglich. Dies ist jedoch mit einer weiteren Erhöhung des Auflösungsanpassungsfaktor λ verknüpft und aus den o.g. Gründen i.d.R. nicht zielführend. Eine weitere Einschränkung besteht für gebräuchliche Rotationswinkel wie 15°, 30°, 60° oder 75°. Ihr Tangens nimmt einen reellen Zahlenwert an. Es lässt sich damit nicht, wie für u-v-Gitter gefordert, ein gebrochen rationales Argument für die Arkustangens-Funktion finden, die eine exakte Lösung für die genannten Winkel ergibt. Für sie ließe sich nur näherungsweise ein Rotationsgitter finden. Daher wird in dieser Arbeit nur auf die einfachste Variante, ein 1-1-Gitter, bzw. ein Diagonal-Gitter bei den experimentellen Untersuchungen eingegangen.

5.3 Experimentelle Untersuchungen Inkjet Druck Verfahrensentwicklung

Mit kommerziell verfügbarer Systemtechnik für Inkjet wird der Druck von Rastergrafiken in der Regel so ausgeführt, dass die Druckrichtung der Orientierung des Pixel-Rasters entspricht. Dies führt zu den in Kap. 2.2.3 beschriebenen Problemen hinsichtlich der Fertigungsqualität von elektrischen Leitern unterschiedlicher Orientierung. Durch die Rotation um 45° der Druckvorlage unter Nutzung von Diagonal-Gittern soll untersucht werden, inwieweit Einfluss auf die Fertigungsqualität von dünnen gedruckten Leitern genommen werden kann. Die Anzahl der Orientierungen beträgt zwei und die Leiter sind senkrecht zueinander ausgerichtet.

Vor dem Hintergrund der additiven Fertigung von DMS-Messgittern mit dünnen elektrischen Leiterbahnen wird in Kap. 5.3.1 eine entsprechende Teststruktur definiert. Kap. 5.3.2 beschreibt die drucktechnische Herstellung und Nachbehandlung der DMS-Messgitter, während in Kap. 5.3.3 die erzielten elektrischen Eigenschaften von nicht rotierten und um 45° rotierten DMS-Messgittern miteinander verglichen werden.

5.3.1 Teststruktur und Konvertierung

Für die drucktechnischen Untersuchungen in diesem Kapitel ist in Bild 26 die verwendete, zugrunde liegende Teststruktur definiert, die die Aspekte senkrecht zueinander orientierter Leiter in DMS-Messgittern im anwendungsnahen Design einer DMS-Vollbrücke repräsentiert. Die Komplexität übersteigt dabei insbesondere den Referenz-DMS aus Bild 17, der nur eine Viertelbrücke darstellt, und dabei die im Stand der Technik untersuchte Messgittergeometrie vertritt. Das Design des Referenz-DMS wird in Kap. 6 wieder aufgegriffen.

Die Teststruktur stellt eine DMS-Vollbrücke dar und ist auf einem Pixel-Gitter definiert (vgl. in Bild 26). Das Raster umfasst 398 Zeilen und 320 Spalten. Damit ist die Bildgröße 398 x 320 Pixel, davon sind 34.729 Pixel schwarz und 92.631 weiß. Die Struktur setzt sich aus vier einzelnen mäanderförmigen Messgittern (jeweils aus Messleitern und Umkehrleitern bestehend) zusammen, die in Reihe miteinander verschaltet sind. Zuleitungen verbinden die Messgitter miteinander und zusätzlich mit Kontaktflächen für den externen Signalabgriff. Die Messgitter sind in der Reihenfolge der Verschaltung alternierend horizontal und vertikal orientiert, sodass zwei zueinander senkrechte Messgitterorientierungen enthalten sind.

Bild 26: Das Druckmuster (Pixel-Gitter) enthält eine DMS-Vollbrücke mit vier Widerstandselementen zweier senkrecht zueinander stehender Messgitter-Orientierungen und fünf Kontaktflächen.

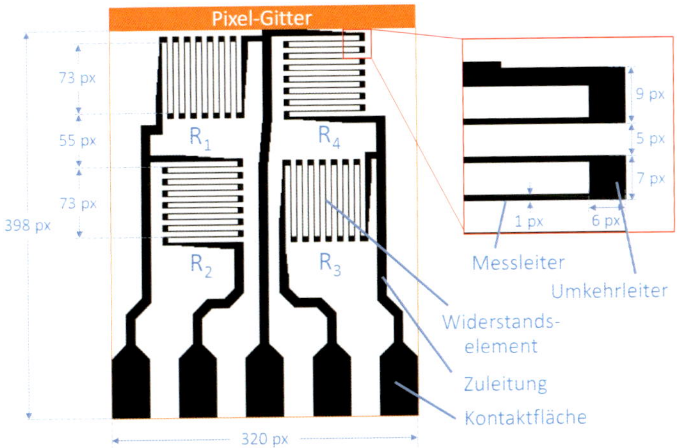

Insgesamt sind fünf Kontaktflächen vorgesehen, damit die vier Messgitter jeweils separat abgreifbar sind. In der DMS-Messtechnik verwendete Vollbrücken sind häufig geschlossen miteinander verschaltet, sodass Signalspeisung und -abgriff über nur vier Kontaktflächen erfolgt. Dies birgt jedoch Herausforderungen beim Vermessen eines einzelnen Widerstandselements.

Bild 27: Messung von Widerständen (A) geschlossene Vollbrücke mit vier Kontaktstellen (B) offene Vollbrücke mit fünf Kontaktstellen

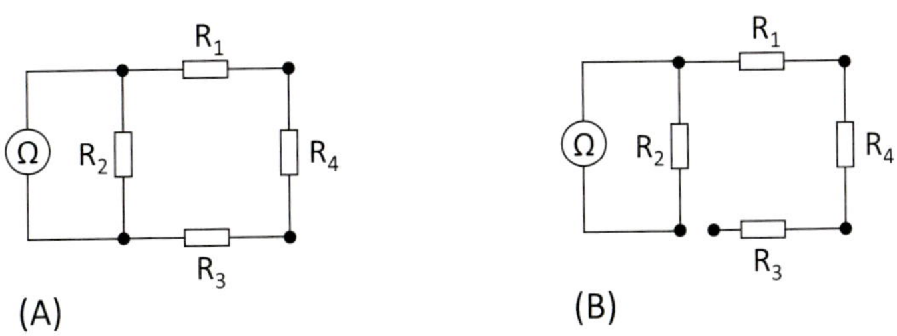

Am Beispiel von Bild 27 ist dies näher beschrieben. In (A) ist der Abgriff des Messgeräts an den beiden Kontaktpunkten vor und nach dem Widerstand R_2 gezeigt. Die drei übrigen Widerstandselemente R_1, R_3 und R_4 sind, in Reihe zusammen, dem einzelnen Widerstand R_2 parallelgeschaltet und fließen so in das Messergebnis ein. Um diesen Konflikt aufzulösen, wird auf die Verwendung von fünf Kontaktflächen zurückgegriffen (vgl. Bild 27 (B)). In diesem Fall kann der Widerstand R_2 separat abgegriffen und ohne Einfluss der anderen Widerstandselemente gemessen werden.

Die Messleiter aller vier Messgitter nach Bild 26 erstrecken sich jeweils auf einer quadratischen Grundfläche von 73 x 73 Pixeln. Diese vier quadratischen Felder aus Messleitern sind mit einem Abstand von jeweils 55 Pixeln horizontal und vertikal zueinander angeordnet. Analog zu Bild 3 sind die Widerstände der Vollbrücke $R_1, \ldots, R_4$ gegen den Uhrzeigersinn aufsteigend nummeriert.

Die DMS-Vollbrücke aus Bild 26 kann gemäß der Vorgehensweise aus Bild 21 auf ein Diagonal-Gitter übertragen und damit rotiert werden. Das Ergebnis ist in Bild 28 gezeigt. Das Raster ist 717 Zeilen und 717 Spalten groß, wobei 34.729 Pixel schwarz gefüllt sind. Die Anzahl schwarz gefüllter Pixel ist mit der DMS-Vollbrücke auf dem Pixel-Gitter identisch (vgl. Bild 26). Die DMS-Struktur in Bild 28 erscheint in einem grauen Farbton, obwohl für die Pixel nur eine schwarze oder weiße Färbung erlaubt ist. Der Vergrößerungsausschnitt in Bild 28 zeigt, dass dies tatsächlich der Fall ist und sich aufgrund der Transformation ein Schachbrettmuster aus zuvor schwarzen Bildbereichen gebildet hat. Dieses Muster ist in der Tat charakteristisch für Rastergrafiken, die durch Rotation auf ein Diagonal-Gitter übertragen wurden. Dieses Muster ist allerdings nicht eindeutig den Diagonal-Gittern dieser Dissertation zuzuordnen. In den folgenden Kapiteln sind weitere Bilddateien mit Schachbrettmustern gezeigt, deren Erscheinungsbilder sich auf andere Weise erklären lassen. Beispielsweise sind sie auf Hexagonal-Gittern definiert oder Teil eines Mehrlagen-Drucks. Zur leichteren Einordnung sind daher die Rastergrafiken mit einem farbigen Rand versehen und entsprechend dem zugehörigen Gitter-Typ beschriftet.

Bild 28: DMS-Vollbrücke (Diagonal-Gitter)

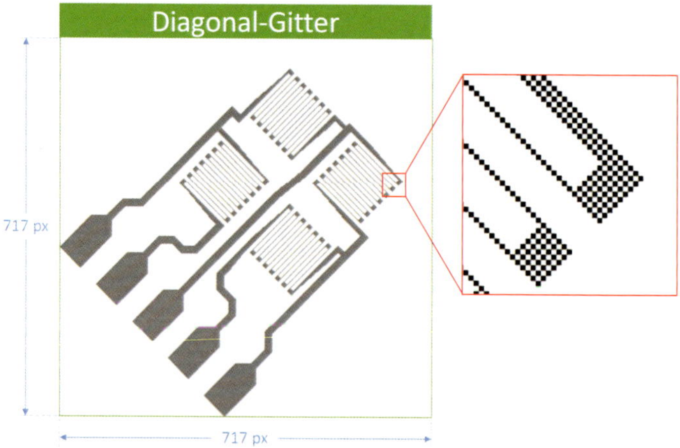

Die weißen Ränder am oberen und rechten Bildrand in Bild 28 enthalten keine für den Druck relevanten Daten und können optional entfernt werden. Tatsächlich ist nur ein reduzierter Bildbereich von 660 Spalten und 659 Zeilen für den Druck erforderlich, da dieser alle Daten für die Materialdeposition enthält. Weiße Ränder können abhängig vom Inhalt des Ausgangsbildes auftreten, wenn weiße Bereiche in den Bildecken vorliegen.

Für die DMS-Vollbrücken auf einem Diagonal-Gitter nach Bild 28 lässt sich konstatieren, dass die in Kap. 3.2 geforderten Kenngrößen wie Materialmenge und Materialdichteverteilung durch die Druckvorlage erhalten bleiben.

Bild 29: Druckvorlagen zur Evaluierung der Eigenschaften von DMS-Vollbrücken (A) auf Pixel-Gitter (B) auf Diagonal-Gitter

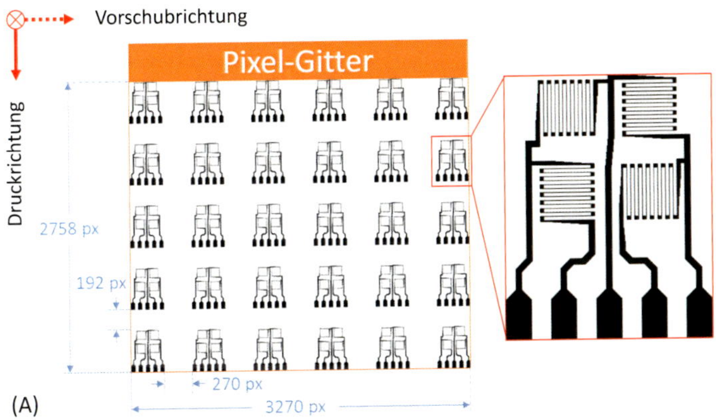

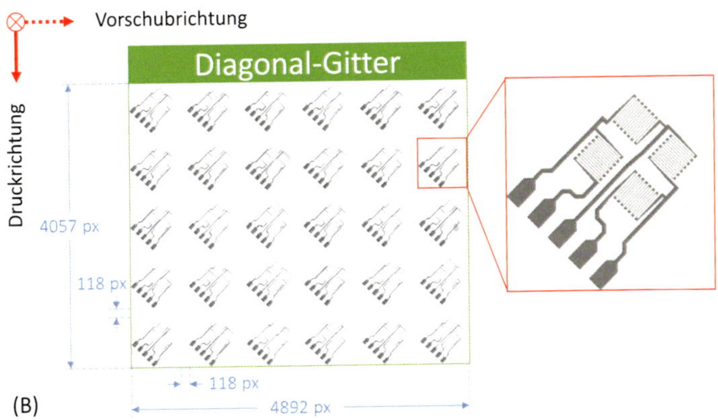

Zur Evaluierung der elektrischen Eigenschaften auf Diagonal-Gitter rotierter DMS-Vollbrücken wird jeweils ein Raster von $N = 30$ Vollbrücken ohne Rotation und $N =$

30 Vollbrücken mit Rotation gedruckt. Die dazu verwendeten Druckvorlagen sind in Bild 29 (A) und (B) gezeigt. In der oberen linken Ecke der Abbildung sind der Druckursprung, die Druckrichtung und der Druckvorschub durch ein rotes Symbol dargestellt, wie zuvor in Bild 13 definiert. Für die Vollbrücken in Bild 29 liegt der Druckursprung in der oberen linken Ecke. Es wird spaltenweise (Druckrichtung) gedruckt, die Vorschubrichtung ist von links nach rechts. Spalten aus ausschließlich weißen Pixeln werden übersprungen.

Die Vollbrücken ohne Rotation aus Bild 26 sind mit einem Abstand von 192 Pixeln vertikal und 270 Pixeln horizontal angeordnet (vgl. Bild 29 (A)). Die Vollbrücken mit Rotation aus Bild 28 sind mit einem Abstand von jeweils 118 Pixeln vertikal und horizontal angeordnet (vgl. Bild 29 (B)).

Eine Änderung der Fertigungsqualität durch angepasste Druckverfahren wirkt sich in der Regel auch auf weitere Parameter und Kenngrößen aus. So ist im Beispiel der DMS-Vollbrücke auf Diagonal-Gitter mit einer Erhöhung der Druckdauer zu rechnen, da sich die Anzahl der Spalten und Zeilen erhöht und damit ebenso die Anzahl erforderlicher Überfahrten des Druckkopfes. Die in dieser Arbeit verwendeten Einstellungen sind in Kap. 4.2.1 beschrieben. Es kann näherungsweise angenommen werden, dass eine Verdopplung der Zeilen oder Spalten der Druckvorlage zu einer Verdopplung der Fertigungsdauer führt. Dies kann jedoch unter Verwendung anderer Anlagentechnik und Einstellungen abweichen. Um die Auswirkungen der beschriebenen Druckverfahren auf die Fertigungsdauer möglichst Systemtechnik-unabhängig einschätzen zu können, sind daher neben der genutzten Druckauflösung und Bildgröße die Anzahl nicht leerer (weißer) Spalten und Zeilen angegeben. Die Werte für die genutzten Druckvorlagen sind außerdem in Kap. 10.3 tabellarisch zusammengefasst.

5.3.2 Drucktechnische Herstellung von DMS auf diagonalen Gittern

Für den Druck der in Bild 29 gezeigten Vorlagen wird der in Kap. 4.2.1 beschriebene Inkjet-Drucker Pixdro LP50 mit einem Fujifilm Dimatix Druckkopf Spectra SE-128 AA [52] verwendet. Die Druckeinstellungen und Parameter sind ebenfalls in Kap. 4.2.1 beschrieben. Die verwendeten Materialien sind in Kap. 4.1 detailliert erläutert, das Substrat ist eine PEN-Folie, auf die mit der Silbertinte DGP 40LT-15C des Herstellers ANP gedruckt wird.

Die PEN-Folie ist beidseitig mit einer Schutzfolie versehen, welche kurz vor dem Druck auf beiden Seiten entfernt wird. Nach der Positionierung auf dem Substrattisch des Druckers wird die Folie durch Unterdruck fixiert. Eine Reinigung der Folie durch Lösungsmittel, Druckluft oder mechanisch erfolgt nicht. Auch wird bei der Positionierung darauf geachtet, das Substrat nur an den Randbereichen und nur mit Handschuhen zu berühren. Der zu bedruckende Bereich wird nicht berührt, um die Oberflächeneigenschaften insbesondere bzgl. der Benetzungseigenschaften nicht zu verändern, z.B. durch statische Aufladungen.

Nach Abschluss des Druckvorgangs, d.h. nachdem alle in der Druckvorlage vorgesehenen Materialtröpfchen deponiert sowie Substrattisch und Druckkopf in

Ihrer Ausgangsposition zum Stillstand gekommen sind, ist ein Teil des Druckbildes noch nass. Die nassen Bereiche lassen sich an einer dunklen Färbung erkennen. Die Druckdauer beträgt für jeweils $N = 30$ Vollbrücken ca. 110 min. (ohne Rotation) und ca. 225 min. (mit Rotation auf das Diagonal-Gitter). Nach einer zusätzlichen Verweildauer von ca. 30 min. auf dem auf 60 °C erwärmten Substrattisch ist die Trocknung abgeschlossen, was anhand des stattfindenden Farbumschlags zu Silber glänzend beurteilt wird.

Die bedruckte PEN-Folie mit den getrockneten Messgittern wird anschließend in einem Heißluftofen bei 150±2 °C für 30 min. zur Sinterung ausgelagert. Dazu wird der Heißluftofen auf die Zieltemperatur vorgeheizt und die bedruckte Folie auf einem ca. 1,5 mm dicken Aluminiumblech als Träger abgelegt. Die Aluminiumplatte homogenisiert den Wärmeeintrag durch Wärmeleitung, da ein metallischer Gitterrost zur Einstellung der Ablagehöhe im Ofen genutzt wird. Die Probe wird im Ofen mittig positioniert und nach 30 min. aus dem Ofen entnommen. Die PEN-Folie wird unmittelbar von der heißen Trägerplatte entfernt, um die Wärmeübertragung durch Wärmeleitung zu unterbrechen. Der Heißluftofen wird bei einer konstanten Temperatur ohne variables Temperatur-Zeit-Profil betrieben, sodass die ausgelagerte Probe zur Sinterung einen schnellen Temperatur-Anstieg beim Hineinlegen in den Ofen und Temperatur-Abstieg beim Herausnehmen von jeweils wenigen Sekunden erfährt. Bild 30 zeigt jeweils ein Übersichtsfoto der gedruckten und gesinterten DMS-Messgitter ohne und mit 45° Rotation.

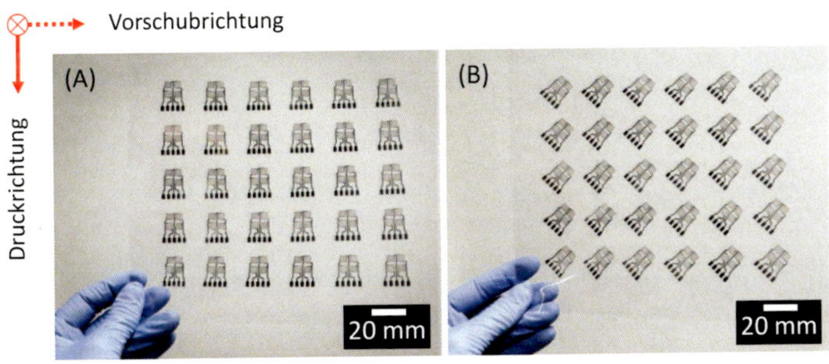

Bild 30: Fotographie gedruckter DMS-Vollbrücken auf PEN-Folie: (A) nicht rotiert, Pixel-Gitter, Referenz (B) um 45° rotiert, Diagonal-Gitter

Als Detailaufnahme sind in Bild 31 jeweils lichtmikroskopische Bildausschnitte der Messgitter dargestellt. Druck- und Vorschubrichtung sind durch die roten Pfeile angegeben, sodass der Einfluss auf die Materialverteilung abhängig von der Messgitterorientierung betrachtet werden kann. Das aufgedruckte Silber reflektiert Licht gerichtet, sodass die aufgedruckte Messgitter-Geometrie unter Auflichtmikroskopie hell erscheint. Durch die transparente PEN-Folie scheint die Oberfläche des dunklen Substrattisches des Mikroskops unscharf in einem gräulichen Farbton durch. Die unbedruckte Oberfläche des PEN-Substrats ist in dieser Einstellung nicht zu erkennen.

Bild 31 (A) zeigt einen Detailausschnitt eines Widerstandselements R_1 der nicht rotierten Messgitter. Die Druckrichtung fällt mit der Messleiterorientierung zusammen, sodass ein Messleiter während des Druckes bei einer Überfahrt des Druckkopfes vollständig deponiert wird. Der zeitliche Abstand beim Auftreffen benachbarter Materialtröpfchen entlang des Messleiters ist damit erheblich kürzer als bei den Messleitern in Bild 31 (B).

Bild 31: Auflichtmikroskopische Aufnahme von DMS-Vollbrücken auf PEN-Folie. Vergleich von in Druckrichtung (A) und senkrecht zur Druckrichtung (B) gedruckten Leitern auf einem Pixel-Gitter und um 45° rotierten Leitern auf einem Diagonal-Gitter (C-D)

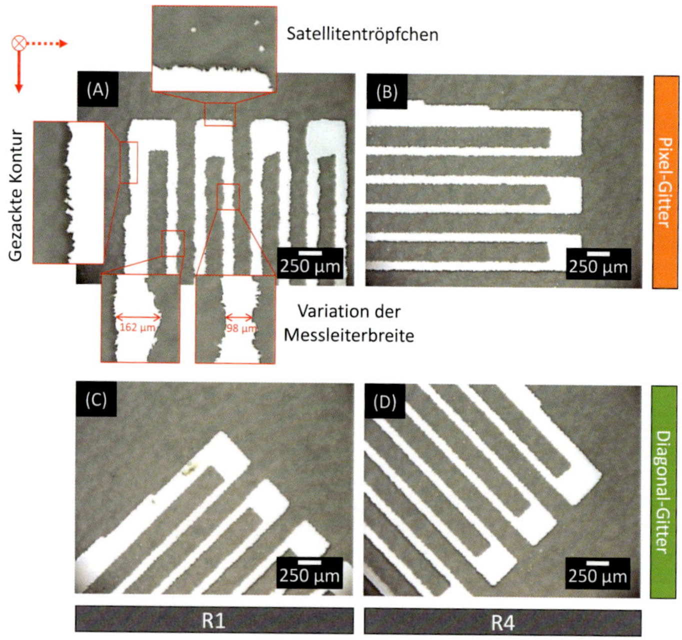

In Bild 31 (A) lassen sich drei wesentliche Merkmale beobachten.

1. Die Kontur des gedruckten Materials, d.h. der Übergang bedruckter zu unbedruckter Oberfläche, weist ein raues Profil auf. Die Kontur erscheint „gezackt". Die Ursache hierfür liegt in der Oberfläche des Substrats begründet, welche herstellerseitig einer Vorbehandlung zur Verbesserung der Benetzungseigenschaften für die Bedruckung unterzogen ist. Da dieser substratspezifische Effekt in allen Drucken gleichermaßen auftritt und die laterale Merkmalsausprägung deutlich kleiner als die Breite der Messleiter ist, wird von einem vernachlässigbaren Einfluss auf die elektrischen Eigenschaften des Messleiters ausgegangen und das Konturprofil nicht weitergehend untersucht.

2. Zwischen und um die gedruckte Struktur herum finden sich sehr kleine Materialtröpfchen im Druckbild. Der Durchmesser dieser Tröpfchen ist nochmals kleiner als die Merkmalsausprägung des Konturprofils. Diese Satellitentröpfchen sind als Fehlerquelle beim Inkjet Druck bekannt und können bei zu starker Anhäufung zu Fehlern wie Kurzschlüssen führen [166]. Da jedoch der Abstand dieser Tröpfchen untereinander und ihr Abstand zu den Leitern größer ist als ihr eigener Durchmesser, wird von einem vernachlässigbaren Einfluss auf die elektrischen Eigenschaften des Messleiters ausgegangen.

3. Die Messleiter und der abgebildete Zuleiter weisen eine inhomogene Breite im Druckbild auf. Die Breite der Messleiter im gezeigten Bildausschnitt von Bild 31 (A) variiert über 60 %.

Während die beiden ersten Beobachtungen in allen Einzelaufnahmen in Bild 31 auftreten, unterscheidet sich das Druckbild der Messleiter. Ebenfalls aus dem Druckbild des nicht rotierten Messgitters zeigt Bild 31 (B) einen Ausschnitt des Widerstandselements R_4, bei dem Druckrichtung und Messleiterorientierung senkrecht zueinander stehen. Die Breite der Messleiter fällt schmaler aus und variiert mit Werten zwischen 87 µm und 96 µm um ca. 10 % deutlich weniger als in R_1 desselben Druckes. Damit ist der im Stand von Wissenschaft und Technik beschriebene Effekt exemplarisch reproduziert und ebenso wird bestätigt, dass Messleiter, die senkrecht zur Druckrichtung orientiert sind, eine geringere Breite aufweisen.

Die in Bild 31 (C) und (D) dargestellten Bildausschnitte des um 45° rotierten Messgitters von R_1 und R_4 unterscheiden sich in ihrer Orientierung zur Druckrichtung. Die Messleiter sind nicht in Druckrichtung und senkrecht dazu orientiert, sondern haben eine Orientierung von 45° zur Druckrichtung. Der zeitliche Abstand beim Auftreffen benachbarter Materialtröpfchen entlang des Messleiters ist damit vergleichbar wie den Messleitern in Bild 31 (B). Dies deckt sich mit dem optischen Eindruck der Messleiter hinsichtlich ihrer Breite. Sowohl die Breite wie auch die Variation der Breite der Messleiter des um 45° rotierten Messgitters entspricht derer der in Bild 31 (B) gezeigten Messleiter senkrechter Orientierung zur Druckrichtung.

Die Auflichtmikroskopie ist ein erstes Indiz dafür, dass eine Rotation um 45° mittels diagonaler Gitter von Messleitern zweier senkrechter Orientierungen zur Homogenisierung der Morphologie Inkjet gedruckter DMS-Messgitter führt. Inwieweit sich diese Ergebnisse auch in den elektrischen Eigenschaften der Messgitter niederschlagen, muss durch die im Folgenden dargestellten weitergehenden Analysen untersucht werden.

5.3.3 Elektrische Charakterisierung

In diesem Unterkapitel werden die elektrischen Eigenschaften der gedruckten und gesinterten Messgitter charakterisiert. Bestimmender Faktor ist der elektrische

Widerstand eines jeden einzelnen Viertelbrücken Messgitters. Die Messung erfolgt mit dem in Kap. 4.3.3 beschriebenen Digitalmultimeter vom Typ Keysight U1272A.

Die Druckvorlagen umfassen jeweils $N = 30$ Vollbrücken, welche zusammen während eines Druckjobs erzeugt werden. Daher wird angenommen, dass Einflussfaktoren der Umwelt (z.B. Luftfeuchtigkeit, Raumtemperatur), der Druckanlage (z.B. Sedimentieren der Tinte durch lange Standzeit, mögliches Verstopfen der Düsen oder ein geänderter Tröpfchenausstoß) und des Substrates (nur ein einziges großes Substrat) als konstante Randbedingungen vorliegen. Daher können die absoluten Messwerte nur innerhalb eines Druckjobs miteinander verglichen werden. Erheblich für einen Vergleich der beiden unterschiedlichen Druckstrategien ist jedoch die relative Streuung der elektrischen Kennwerte innerhalb einer DMS-Vollbrücke. Hierfür kann das Maß der Brückenverstimmung einer Wheatstoneschen Brücke herangezogen werden. Die N-fache Ausführung der Teststruktur innerhalb eines Druckjobs erleichtert die statistische Einordnung der Reproduzierbarkeit und der Häufung defekter Widerstandselemente.

In Bild 32 (links) sind die absoluten elektrischen Werte der Widerstandselemente für die Messgitter ohne Rotation angegeben. Die Messungen ohne Rotation stellen den Benchmark für den Vergleich zu den um 45° rotierten DMS-Vollbrücken auf diagonalen Gittern dar. Mittels Boxplots wird die statistische Verteilung der jeweils 30 Widerstände R_1 bis R_4 angegeben, wie auch ein Boxplot für alle 120 Widerstandselemente zusammen. Zusätzlich ist in einem zweiten Diagramm (rechts) die relative Ausbeute der intakten Widerstandselemente dargestellt. Als nicht intakte oder defekte Elemente zählen solche, bei denen mit dem Multimeter kein Widerstand im Messbereich des Messgerätes ermittelbar ist. Typischerweise ist ein defekter Leiter an einer Stelle durch Verschmutzung oder durch eine Fehlstelle im Druckbild unterbrochen. Bei den in Bild 32 beschriebenen DMS-Messgittern sind alle Elemente intakt, sodass die Ausbeute 100% beträgt.

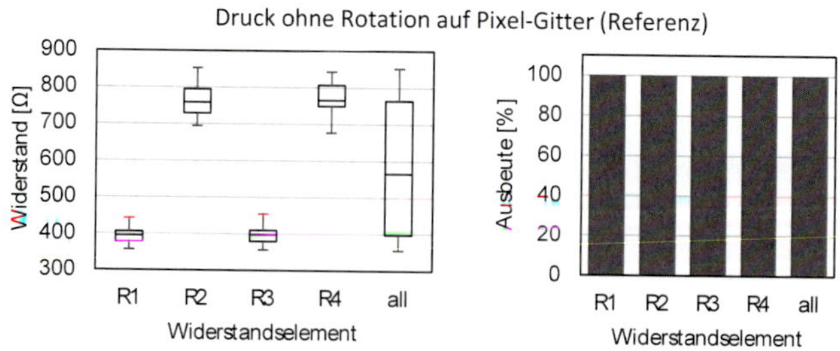

Bild 32: Auswertung der Viertelbrückenwiderstände für DMS-Vollbrücken ohne Rotation. Widerstände der Widerstandselemente (links) und Ausbeute intakter Widerstandselemente (rechts).

Die Auswertung aufgeschlüsselt nach den Widerständen R_1 bis R_4 zeigt eine auffällige Verteilung. Während die Widerstände R_1 und R_3 Werte von ca. 400 Ω annehmen, liegen die Werte für die Widerstände R_2 und R_4 bei ca. 800 Ω. Auch unter Berücksichtigung der statistischen Schwankungsbreite sind die Werte-Niveaus klar getrennt. Diese elektrischen Eigenschaften stehen im Einklang zu den in Bild 31 (A) und (B) beobachteten Effekten zum Einfluss der Druckrichtung auf die

Messleiterorientierung. Die Widerstände R_1 und R_3 aus Bild 32 haben gemein, dass die Druckrichtung ihrer Messleiterorientierung entspricht. Sie weisen ähnliche elektrische Eigenschaften auf. Analog lassen sich die Widerstände R_2 und R_4 einer Druckrichtung zuordnen, die senkrecht zur Messleiterorientierung verläuft. Die hier erhobenen Messwerte weisen darauf hin, dass die Druckrichtung einen wichtigen Einflussfaktor auf die elektrischen Eigenschaften Inkjet gedruckter dünner Messleiter darstellt.

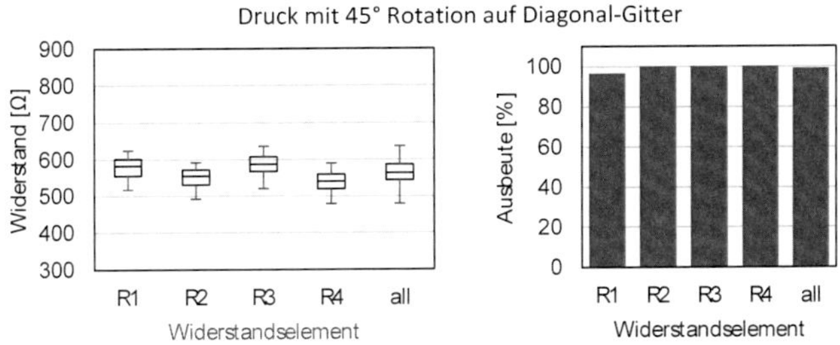

Bild 33: Auswertung der Viertelbrückenwiderstände für DMS-Vollbrücken unter Rotation von 45°. Widerstände der Widerstandselemente (links) und Ausbeute intakter Widerstandselemente (rechts).

Gegenüberzustellen sind die elektrischen Eigenschaften der um 45° rotierten DMS-Messgitter. Bild 33 gibt analog die Ausbeute (rechts) und die Verteilung der Widerstandswerte (links) für die mittels diagonaler Gitter um 45° rotierten DMS-Vollbrücken an. Dabei tritt bei einem der R_1 Widerstandselemente ein Defekt auf, sodass in die Auswertung der Widerstände nur $N = 119$ eingehen. Hierbei zeichnet sich eine andere Verteilung der Werte ab. Alle Widerstände liegen ca. zwischen 500 Ω und 600 Ω. Der Unterschied zwischen den in Druckrichtung und senkrecht zur Druckrichtung orientierten Messleiter ist zwar weiterhin ausgeprägt, aber auf einem deutlich reduzierten Niveau. Außerdem liegen die Widerstände für R_1 und R_3 in diesem Fall höher als R_2 und R_4. Um die Messergebnisse besser in den Anwendungskontext der Wheatstoneschen Brückenschaltung zu stellen, wird die Brückenverstimmung nach Gleichung (4) für alle vollständig auszuwertenden Vollbrücken bestimmt und das Ergebnis in Bild 34 als Boxplot abgebildet. Die Anzahl der ausgewerteten Vollbrücken beträgt $N = 30$ für das Pixel-Gitter ohne Rotation (Referenz) und $N = 29$ für das Diagonal-Gitter mit Rotation um 45°.

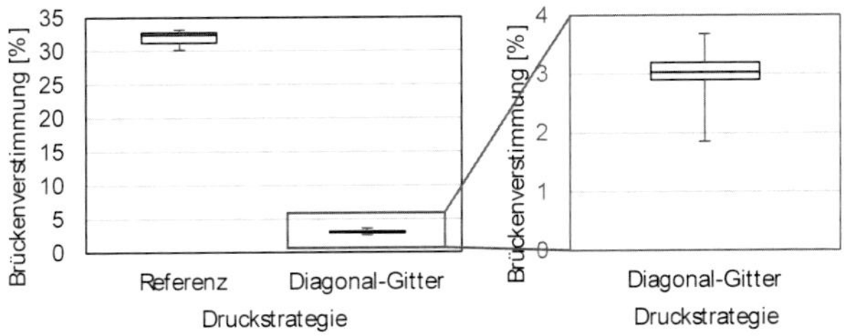

Bild 34: Verstimmung von DMS-Vollbrücken – Ohne Rotation und um 45° rotierte Messgitter

Während die Brückenverstimmung ohne Rotation bei über 30 % liegt, konnte die Nutzung der Diagonal-Gitter zur Rotation um 45° das Niveau der Verstimmung auf ca. 3 % senken.

5.4 Zwischenfazit

Die Nutzung eines neu definierten Diagonal-Gitter-Typs zur verlustfreien Bildrotation für die Erstellung von Druckvorlagen beim Inkjet-Druck erfüllt die Forderung zur Verbesserung der Fertigungsqualität Inkjet-gedruckter metallischer Messgitter in mehrfacher Hinsicht: Zum einen können die in der Zielsetzung definierten Anforderungen zum Erhalt digitaler Bildinformationen und damit der zu deponierenden Materialmenge und Material-Dichte-Verteilung erfüllt werden. Zum anderen kann bei der experimentellen Validierung des Lösungsansatzes eine messbare Verbesserung der elektrischen Eigenschaften im Sinne einer Reduktion der Brückenverstimmung um eine Größenordnung gezeigt werden. Damit steht ein Lösungsansatz zur Verfügung, der sich rein digital in additive Fertigungsketten implementieren lässt, ohne auf spezifische Eigenschaften der verwendeten Materialien wie Substrat oder Tinte als Beschichtungswerkstoff, eingegangen zu sein. Eine Relevanz ist gegeben, da eine Vielzahl typischer DMS-Konfigurationen Messgitter mit zwei senkrecht zueinanderstehenden Messleiterorientierungen erfordert.

Die Wirksamkeit der neu vorgestellten Methode wurde nachgewiesen, doch sollten bei der Anwendung die folgenden praxisbezogenen Aspekte berücksichtigt werden. Die Anwendung von u-v-Gittern ist mit einem Auflösungsanpassungsfaktor von $\lambda > \sqrt{2}$ verknüpft, so dass die eingestellte Druckauflösung bei größeren Drehwinkeln deutlich erhöht werden muss. Die Systemtechnik des verwendeten Tintenstrahldruckers erlaubt möglicherweise nur eine begrenzte Erhöhung der Druckauflösung. Darüber hinaus erfordern viele u-v-Gitter die Einstellung eines nicht ganzzahligen Auflösungswertes, der von der Druckerhardware und -software unterstützt werden muss. Da die vorgestellte Bilddrehung mit der Arkustangensfunktion zusammenhängt, wird im Falle eines diagonalen Gitters ($u = v$ oder $\alpha = 45°$) ein ganzzahliger Wert für den Drehwinkel α erreicht. Eine Liste von Drehwinkeln, die sich aus u-v-Gittern mit $1 \leq u, v \leq 20$ wie für die in Bild 25 gezeigten Datenpunkte ergeben, findet sich in Kap. 10.4. Andere typischerweise verwendete Drehwinkel, z. B. $30°$ oder $60°$, können approximiert werden.

Ein 11-19-Gitter führt zu einem Drehwinkel von $\alpha \approx 30{,}07°$ und ein 19-11-Gitter zu einem Drehwinkel von $\alpha \approx 59{,}93°$, beide bei einem Auflösungsanpassungsfaktor von $\lambda \approx 21{,}95$. Die in Bild 25 durch Vertauschen von u und v sichtbare Symmetrie wird in diesem Beispiel deutlich. Da ein Rotationsgitter für ca. $30°$ durch Vertauschen von u und v aus Symmetriegründen zu einem Rotationsgitter für ca. $60°$ führt, wird in den folgenden Beispielen nur von Gittern für $30°$ gesprochen. Die Winkelabweichung von $\pm 0{,}07°$ bei Verwendung eines 11-19-Gitters könnte klein genug sein, um für einige Anwendungsfälle akzeptabel zu sein, aber der entsprechende Auflösungsanpassungsfaktor von $\lambda \approx 21{,}95$ ist eventuell zu hoch. Bei Verwendung eines 7-12-Gitters verringert sich der Auflösungsanpassungsfaktor auf $\lambda \approx 13{,}89$, die Winkelabweichung steigt jedoch auf $\pm 0{,}26°$. Bei einem 3-5-Gitter verringert sich der Auflösungsanpassungsfaktor auf $\lambda \approx 5{,}83$ bei einer Winkelabweichung von $\pm 0{,}96°$.

Je nach Anwendungsfall, Drehwinkeltoleranzen und akzeptablem Auflösungsanpassungsfaktor sind auch andere Rotationsgitter denkbar. Während für viele Typen von u-v-Gittern geeignete Anwendungen gefunden werden müssen, wurde der offensichtliche Vorteil eines 1-1-Gitters (45°) in dieser Arbeit bereits für DMS-Vollbrücken untersucht. Neben einer Verringerung der Brückenverstimmung variieren die Werte aller Widerstandselemente weniger als bei der Referenzprobe ohne Rotation. Allerdings liegen die Widerstände R_1 und R_3 im Vergleich zu R_2 und R_4 auf einem höheren Widerstands-Niveau. Mögliche Ursachen liegen in der Gestaltung des Druckmusters, das für alle Messergebnisse systematisch ist. Sie werden mit Tastspitzen auf den gedruckten Kontaktpads ermittelt. Alle gedruckten unterschiedlichen Leitertypen wie die Kontaktpads, die Zu-, Umkehr- und Messleiter summieren sich mit ihren unterschiedlichen Anteilen zum Gesamtwiderstand auf. Die Formierung der gedruckten metallischen Schicht kann je nach Gestaltung des Druckmusters die Messwerte beeinflussen. Weitere Untersuchungen über die Gesamtschichtbildung können für ein besseres Verständnis solcher Druckmuster und den Einfluss auf die elektrischen Eigenschaften von Vorteil sein.

Zusammenfassend lässt sich sagen, dass eine Anwendung verlustfreier Bildrotation mit Hilfe von Diagonal-Gittern auf Druckmuster, wie sie für DMS verwendet werden, deren elektrische Eigenschaften beeinflussen kann. Eine signifikante Verringerung der Brückenverstimmung ist erzielbar. Ein möglicher Grund dafür ist die daraus resultierende Veränderung des Zeitintervalls, in dem benachbarte Materialtröpfchen entlang schmaler Leiterbahnen auftreffen. Die Verringerung der Brückenverstimmung von Inkjet-gedruckten DMS-Vollbrücken-Messgittern zweier unterschiedlicher Messleiterorientierungen um eine Größenordnung kann ein wichtiger Schritt sein, um die Fertigungsqualität deutlich zu verbessern und damit digital und additiv hergestellte DMS weiter in die Anwendung zu bringen. Die Werte für die Verstimmung von konventionell gefertigten DMS-Vollbrücken liegen bei wenigen bis unter einem Prozent. Während Brückenverstimmungen von mehr als 30 % den Einsatz von gedruckten Messgittern unattraktiv machen, sind Messgitter mit wenigen Prozent Verstimmung bereits vielfältig einsetzbar und bieten eine gute Grundlage, um die elektrischen Eigenschaften durch Methoden wie Lasertrimmen weiter zu verbessern und in die gleiche Größenordnung wie konventionell gefertigte Sensoren zu bringen.

6 Inkjet-Druck von Dehnungsmessstreifen-Rosetten dreier Gitterorientierungen

Wie in Kap. 2.1.6 beschrieben, stellt der Fall eines zweiachsigen Spannungszustandes mit unbekannten Hauptrichtungen ein typisches Szenario in der experimentellen Spannungsanalyse dar. Für eine messtechnische Erfassung können mehrere einzelne DMS genutzt werden, meist kommen jedoch DMS-Rosetten dreier Gitterorientierungen zum Einsatz. Welche Anforderungen sich daraus ableiten und an ein digitales Fertigungsverfahren wie Inkjet-Druck gestellt werden, wird in diesem Kapitel diskutiert. Mögliche Lösungsstrategien werden, unter Berücksichtigung der in Kap. 3.2 definierten Zeile, hergeleitet und experimentell validiert.

6.1 DMS-Rosetten

DMS-Rosetten sind als eine Anordnung von mehreren, nahe beieinander liegenden DMS-Gittern mit unterschiedlicher Ausrichtung definiert [38]. Während diese Definition auch auf eine Halbbrücke zweier Messgitter mit senkrechter Gitterorientierung (T-Rosette) oder die in Kap. 5 untersuchten Vollbrücken zuträfe, muss die Eingrenzung der in diesem Kapitel betrachteten Rosetten enger gefasst werden. Im Fokus stehen DMS-Rosetten dreier unterschiedlicher Messgitterorientierungen, die im Fall eines zweiachsigen Spannungszustandes mit unbekannten Hauptrichtungen häufig eingesetzt werden. Weiter spezifiziert sind folgende zwei Typen von DMS-Rosetten für die folgenden Ausführungen relevant:

1. Rechtwinkel-Rosette (auch 0°/45°/90°-Rosette)
2. Delta-Rosette (auch Δ-Rosette oder 0°/60°/120°-Rosette)

Bei der Rechtwinkel-Rosette liegen die Messgitter in den Orientierungen 0°/45°/90° vor, d.h. bezogen auf ein Messgitter mit der Orientierung 0° finden sich zwei weitere Messgitter mit den Orientierungen 45° und 90°. Wichtig für die Bezeichnung ist nur die relative Orientierung der Messgitter untereinander, nicht die spätere Aufbringung oder Ausrichtung auf einem Messobjekt.

Analog sind bei der Delta-Rosette die Messgitter entlang der Winkel 0°/60°/120° orientiert. Da sich die Messgitter dieser Winkelverteilung in einem Dreieck anordnen lassen, das dem griechischen Großbuchstaben Delta (Δ) ähnelt, spricht man von einer Delta-Rosette oder auch Δ-Rosette. In Bild 6 sind drei unterschiedliche Typen von DMS-Rosetten (T-, Rechtwinkel- und Δ-Rosette) dargestellt. Es gibt eine große Anzahl weiterer Ausführungen der jeweiligen Rosetten-Typen wie nach Anwendung und Einsatzzweck, die Darstellung in Bild 6 sind daher exemplarisch. Wichtig ist die jeweilige Winkelverteilung der Messgitteranordnung.

6.2 Inkjet-Druck von DMS-Rosetten

Während in Kap. 5 den Messgittern zweier senkrechter Orientierungen beim Inkjet-Druck mit einer Rotation um 45° begegnet wird, erfordert der Druck von Rechtwinkel- und Δ-Rosetten die Erweiterung auf drei unterschiedliche Orientierungen. Die Richtungsabhängigkeit der Druckrichtung zur Messgitterorientierung ist als entscheidender Einflussfaktor auf die Fertigungsqualität hinsichtlich der elektrischen Eigenschaften von DMS-Messgittern identifiziert (vgl. Bild 32). Diesen Einfluss der Druckrichtung für dreierlei Orientierungen der Messleiter innerhalb der Messgitter zu berücksichtigen, stellt eine zusätzliche Herausforderung dar.

Wird ein Pixel-Gitter zur Auslegung einer Rechtwinkel-Rosette herangezogen, besteht die inhärente Limitierung, dass sich die Distanzen zwischen Zellenmittelpunkten entlang von Zeilen und Spalten und entlang von Diagonalen durch einen Faktor $\sqrt{2}$ unterscheiden. Damit ist es nicht möglich, auf dem Typ des Pixel-Gitters Messleiter für ein DMS-Messgitter mit folgenden Eigenschaften auszulegen:

1. Sie erfüllen die Winkelverteilung von 0°/45°/90° und
2. haben in allen drei Orientierungen die gleiche Materialdichte und
3. weisen eine Breite von 1 Pixel auf.

Auch durch ein Oversampling, wie es den u-v-Gittern in Kap. 5.2.3 zugrunde liegt, lässt sich dieser Konflikt nicht zielführend auflösen. Für eine exakte Lösung müsste der Auflösungsanpassungsfaktor λ unbeschränkt erhöht werden ($\lambda \to \infty$), was allerdings durch die verwendete Systemtechnik limitiert und somit als theoretische Lösung einzuordnen ist.

An dieser Stelle wird der Referenz-DMS aus Bild 17 aufgegriffen. Auf dessen Basis soll eine Konfiguration dreier Messgitter unterschiedlicher Gitterorientierung erstellt werden, die einer Rechtwinkel-Rosette entspricht. Durch eine Kombination dreier DMS, wobei ein DMS um 45° gegen den Uhrzeigersinn, ein DMS nicht und der dritte DMS um 45° im Uhrzeigersinn rotiert wird, ließe sich das Design einer Rechtwinkel-Rosette abbilden. Wie in Bild 35 gezeigt, kann die Ausrichtung auf der Druckeranlage für diese Rosette so gewählt werden, dass kein Messleiter entlang der Druckrichtung orientiert ist.

Bild 35: Druckschema Rechtwinkel-Rosette

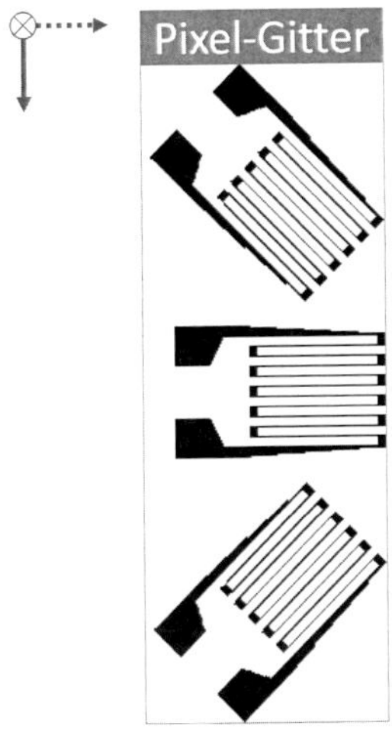

Die Rechtwinkel-Rosette in Bild 35 ist auf einem Pixel-Gitter definiert und nimmt zwei rotierte DMS (oben und unten) auf. Diese sind nach der in Bild 18 vorgestellten Schwellenwert-Methode rotiert und weisen die in Kap. 5.2.1 dargelegten Eigenschaften auf. Sowohl die Materialmenge (Bild 19) des Druckbildes und die Materialverteilung entlang der Messleiter (Bild 20) sind, gemessen an den Anforderungen in Kap. 3.2, als unzureichend einzuordnen.

Da diese Art der Rechtwinkel-Rosette auf einem Pixel-Gitter aus den beschriebenen Gründen als nicht geeignet bewertet wird, wird von einer detaillierten Untersuchung der elektrischen Eigenschaften abgesehen. Zur Überprüfung wird jedoch ein Druck von $N = 30$ Rechtwinkel-Rosetten nach Bild 35 ausgeführt und eine Trocknung und Ofensinterung wie in Kap. 5.3 beschrieben angewendet. Als Kontrollkenngröße erhoben wird die Fehlerrate der rotierten DMS. Sie beträgt 33,3 % für die einzelnen DMS-Messgitter und 90 % für die Rosetten und zeigt, dass die beschriebenen, aus der Rotation resultierenden Artefakte so gravierend ausfallen, dass große Teile der Messgitter durch unterbrochene Leiterbahnsegmente vollständig ihre Funktion verlieren.

6.2.1 Design von DMS-Rosetten auf Basis von Diagonal-Gittern

Da bereits eine Lösung für DMS-Messgitter zweier senkrechter Orientierungen in Kap. 5 erarbeitet wurde, soll diese Lösung aufgegriffen und erweitert werden. Dazu wird eine Kombination von Diagonal- und Pixel-Gittern verwendet. Aufgrund ihrer Definition und den resultierenden Eigenschaften lassen sich die Bildinhalte der beiden Gittertypen nicht verlustfrei in ein Gitter zusammenführen, das sich für den Inkjet-Druck eignet. Die beiden Bilder auf unterschiedlichen Gittertypen werden daher nacheinander aufgedruckt. Hierfür wird der in Bild 10 definierte Begriff für den Druckjob, bzw. die Druckvorlage erweitert.

Eine Druckvorlage kann mehrere Bilddateien enthalten, die nacheinander aufgedruckt mehrere Schichten erzeugen. Für den hier beschriebenen Fall besteht die Druckvorlage aus zwei Bilddateien, welche jeweils auf unterschiedlichen Gittertypen ausgelegt sind. Ein einzelner Satz an Druck-Parametern ist nicht mehr ausreichend, da die Druckauflösung als Teil der Parameter für jede Bilddatei individuell gewählt werden muss, um die unterschiedlichen Gittertypen zu berücksichtigen. Jede Bilddatei kann daher mit einem eigenen Parameter-Satz verknüpft werden. Das erweiterte Schema für die Begriffs-Definition ist in Bild 36 dargestellt. Ist nur eine Bilddatei in der Druckvorlage enthalten und wird nur eine Einzelschicht gedruckt, entspricht die erweiterte Definition der Ausgangsdefinition aus Bild 10.

Bild 36: Erweiterte Definition Druckjob

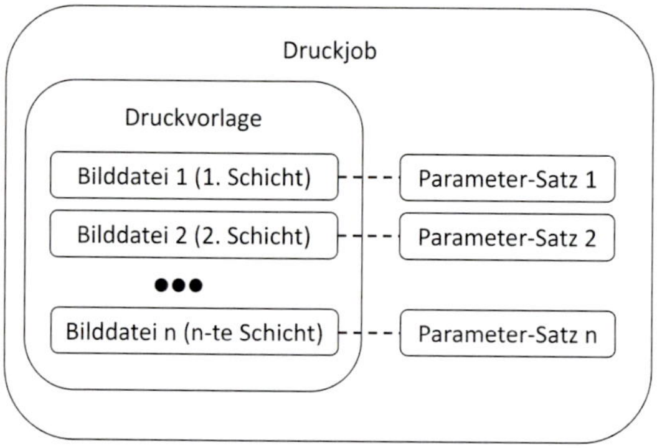

Die Druckvorlage für die Rechtwinkel-Rosette setzt sich damit aus zwei Bilddateien zusammen, wie in Bild 37 dargestellt ist. Die erste Bilddatei enthält einen nicht rotierten Referenz-DMS auf einem Pixel-Gitter (Druckauflösung 500 DPI). Die Grundfläche der Bilddatei ist dabei derart erweitert, dass diese die gleiche Grundfläche (in Millimetern) einnimmt wie die zweite Bilddatei auf einem Diagonal-Gitter. Da leere Randbereiche in der Bilddatei von der Druckeranlage bei der Bahnplanung ignoriert werden, besteht jedoch grundsätzlich kein Erfordernis, diese leeren Randbereiche einzufügen. In dem gezeigten Fall sind sie jedoch eingefügt, um eine anschließende Erweiterung auf $N = 30$ Teststrukturen bei der Bildverarbeitung zu vereinfachen.

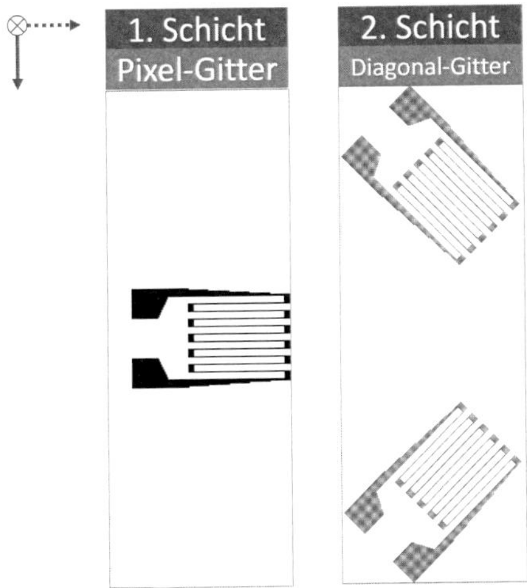

Bild 37: Druckvorlage Rechtwinkel-Rosette auf Basis von Diagonal-Gittern

Die zweite Bilddatei und Druckschicht ist auf einem Diagonal-Gitter (Druckauflösung 707,107 DPI) definiert. Sie enthält zwei Referenz-DMS, welche um ±45° verlustfrei rotiert sind. Die Druckrichtung ist für beide Bilddateien identisch und die Messgitter der DMS sich so ausgerichtet, dass keine der Messleiter in Druckrichtung liegen. Der Druckursprung liegt jeweils in der linken oberen Ecke der Bilder, sodass die Druckbilder in ihrer Grundfläche kongruent überlagern. Stellt man sich die Überlagerung der beiden Bilddateien vor, die durch einen Druck beider Schichten nacheinander entsteht, so ergibt sich eine vergleichbare Aufsicht wie in Bild 35. Jedoch sind die Probleme einer konventionellen Bildrotation umgangen und die in Kap. 3.2 definierten Ziele und Anforderungen berücksichtigt.

6.2.2 Design von DMS-Rosetten auf Basis von Hexagonal-Gittern

6.2.2.1 Hexagonal-Gitter und Symmetrie-Eigenschaften

Um die aufgezeigten Beschränkungen zur Auslegung von DMS-Rosetten mit Messleitern in drei unterschiedlichen Orientierungen zu überwinden, wird in diesem Unterkapitel ein neuer Gittertyp eingeführt: Das Hexagonal-Gitter (vgl. Bild 38 (B)). Die bisher verwendeten Gitter-Typen eint, dass sich äquidistante Abstände von Zellenmittelpunkten nur in zwei senkrecht zueinander angeordneten Orientierungen abbilden lassen. In Bild 38 (A) werden die Abstände zum mittleren Zellenmittelpunkt (schwarz) für ein Pixel-Gitter in orange dargestellt. Zur Nutzung eines Diagonal-Gitters werden die in grün darstellten Zellenmittelpunkte auf dem Raster genutzt. Als Beispiel für die eingeführten u-v-Rotationsgitter sind in blau die Zellenmittelpunkte für die Nutzung eines 2-1-Gitters eingezeichnet. Es ließen sich theoretisch durch eine Kombination der Zellen eines 1-2-Gitters und eines 2-1-

Gitters äquidistante Zellenabstände in vier Orientierungen abbilden. Jedoch zeigt die Analyse der darstellbaren Winkelverteilung in Kap. 5.2.3 und Kap. 10.4 auf diese Art, dass sie nicht mit der für Rechtwinkel- und Delta-Rosetten geforderten Winkelverteilung übereinstimmen.

Bild 38: Symmetrieachsen unterschiedlicher Gittertypen (A) Gitter mit quadratischen Zellen (B) Hexagonal-Gitter

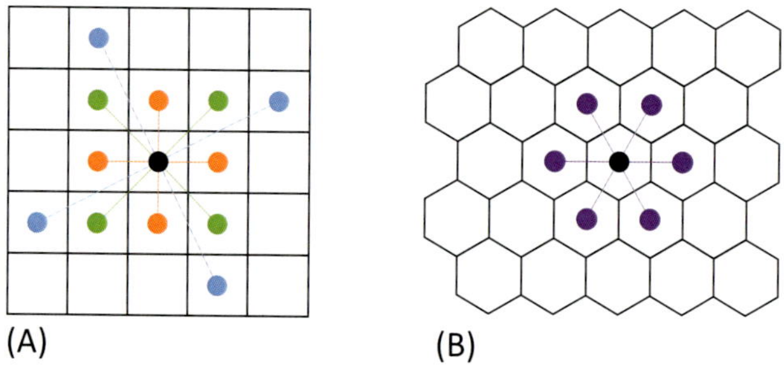

Ein Gitter aus hexagonalen Zellen wie in Bild 38 (B) gezeigt, stellt einen Lösungsansatz für die beschriebenen Anforderungen dar. Die Abstände der Zellenmittelpunkte benachbarter Zellen sind äquidistant für drei unterschiedliche Orientierungen. Zusätzlich entspricht die Winkelverteilung mit einer Schrittweite von jeweils 60° jener, die für die Auslegung einer Delta-Rosette genutzt werden kann. Die Zellenmittelpunkte und Abstände in Bild 38 (B) sind in der Farbe Lila gekennzeichnet. Diese Farbkonvention wird im Folgenden für die hexagonalen Gitter bzw. Rastergrafiken angewendet, welche auf einem hexagonalen Gitter ausgelegt sind.

Entgegen den bisher betrachteten Rastergrafiken aus viereckigen Zellen (Pixeln), stellen hexagonale Gitter für eine Darstellung von Grafiken eine andersartige Basis bereit. Bei den Recherchen konnte kein Grafik-Format ausfindig gemacht werden, welches eine native Implementierung von hexagonalen Bildpunkten vorsieht. Es bestehen unterschiedliche Möglichkeiten, Bildinhalte mit hexagonalen Strukturen abzuspeichern und wiederzugeben. Neben Vektorgrafiken kann bei Rastergrafiken durch Oversampling eine hexagonale Zelle dargestellt werden. Diese wird dabei durch mehrere, benachbarte Pixel approximiert. Die beschriebenen Möglichkeiten bergen eine Reihe von Nachteilen, die sie unattraktiv für die in dieser Arbeit beschriebene Anwendung und die in Kap. 3.2 aufgeführten Ziele macht. Es treten die beschriebenen Probleme bei der Konvertierung auf, und konventionelle Bildverarbeitung arbeitet verlustbehaftet, z.B. bei Rotationen. Dies führt zu unzureichenden Materialdichteverteilungen im Druck. Konkret bedeutet das für Druckbilder wie den Referenz-DMS aus Bild 17 einen Totalverlust bei der Fertigungsausbeute für eine Rotation von 120°. Die in Bild 38 (B) gezeigten Symmetrieachsen können nicht korrekt wiedergegeben werden und die Messleiter im Druckbild werden durch Interpolation zerstört. Auch ist der benötige Speicherdarf der pixelbasierten Bildformate unnötig groß, gemessen an der gespeicherten Bildinformation.

6.2.2.2 Definition von Hexagonal-Gittern für den Inkjet-Druck und Ausrichtung

Hexagonal-Gitter bestehen aus Zellen, die im Folgenden als Hexel bezeichnet werden. Alle sechs Seiten, bzw. Kanten des Hexels sind von gleicher Länge, es handelt sich um die Form eines regelmäßigen Sechsecks. Eine Zelle des Hexagonal-Gitters, das sogenannte Hexel, ist von sechs benachbarten Hexeln umgeben. Die Abstände der Zellenmittelpunkte benachbarter Hexel ist identisch groß. Durch diese Definition unterscheidet sich ein Hexel von einem Pixel, denn ein Pixel hat nur vier benachbarte Zellen des identischen Mittenabstandes. Wird der Begriff der Nachbarzellen bei Pixeln auf die acht umliegenden Pixel erweitert, haben diese Nachbarzellen unterschiedliche Mittenabstände zueinander. Diese Eigenschaft ist bereits bei den Diagonal-Gittern zum Tragen gekommen und wurde zur Verbesserung der elektrischen Eigenschaften von DMS-Messgittern senkrechter Orientierung ausgenutzt.

Zur Beschreibung eines Gitters ist nicht nur die Form der Gitterzellen relevant, sondern ebenfalls die Ausrichtung. Dies findet in der Regel wenig Beachtung, da z.B. die Zellen eines Pixel-Gitters mit ihrer quadratischen Form intuitiv horizontal in Reihen und vertikal in Spalten angeordnet werden. Die Kanten der Zellen sind dabei meist parallel zu den Kanten des genutzten Mediums zur Darstellung orientiert (z.B. eine Papierseite oder ein Bildschirm). Nach der Rotation des Gitters um 90° um einen Zellenmittelpunkt, liegen die Zellen wieder auf dem ursprünglichen Gitterraster, sodass eine verlustfreie Bildrotation möglich ist. Wird die Rotation viermal ausgeführt, beträgt die Gesamtrotation 360°, was dem Ausgangsbild vor der Rotation entspricht.

Ebenfalls aus quadratischen Zellen aufgebaut ist das Diagonal-Gitter, jedoch sind die Zellen um 45° gegenüber dem Pixel-Gitter rotiert ausgerichtet. Auch hier liegen nach einer Rotation des Gitters um 90° um einen Zellenmittelpunkt die Zellen wieder auf dem ursprünglichen Gitterraster und nach viermaliger Rotation wird das Ausgangsbild dargestellt.

Da hexagonale Zellen über Kanten dreier unterschiedlicher Orientierungen verfügen und von diesen keine zueinander senkrecht stehen, ist eine analoge Ausrichtung, bzw. Anordnung wie bei einem Pixel-Gitter nicht anwendbar. Im Folgenden werden zwei unterschiedliche Ausrichtungen von Hexagonal-Gittern unterschieden. Durch eine Rotation von 30° lassen sich diese Ausrichtungen jedoch ineinander überführen, sodass alle Aussagen über Hexagonal-Gitter für beide Ausrichtungen Gültigkeit besitzen. Eine Unterscheidung dieser beiden Fälle ist vor dem Hintergrund des Einflusses der Druckrichtung auf dünne Messleiter relevant. Durch Wahl der Orientierung des Hexagonal-Gitters kann sichergestellt werden, dass keine der drei möglichen Orientierung von Messleitern mit der Druckrichtung übereinstimmt. Dies hat sich bereits bei den Diagonal-Gittern als wichtige Einflussgröße auf die Fertigungsqualität herausgestellt.

Bild 39:
Ausrichtungen
Hexagonal-Gitter

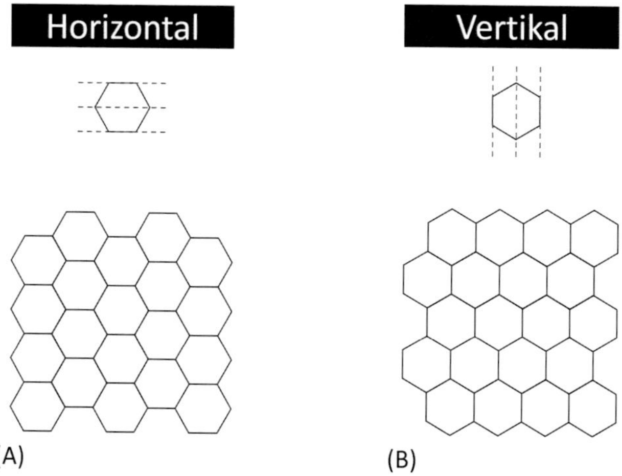

Hexagonal-Gitter können auf zwei unterschiedliche Arten ausgerichtet sein: 1) Horizontal oder 2) Vertikal (vgl. Bild 39). Alle Hexel eines Hexagonal-Gitters sind identisch ausgerichtet, sodass die Ausrichtung anhand eines beliebigen Hexels des Gitters bestimmt werden kann. Bei einem horizontalen Hexagonal-Gitter befinden sich am Hexel rechts und links Ecken des Sechsecks. Verbindet man die Eckpunkte mit einer gedachten Linie so, dass diese den Flächeninhalt des Sechsecks halbiert, ist diese Linie horizontal ausgerichtet. Parallel zu dieser Linie verlaufen oberhalb und unterhalb jeweils Kanten des Sechsecks horizontal wie in Bild 39 (A) dargestellt. Analog befinden sich bei einem vertikalen Hexagonal-Gitter am Hexel oben und unten Ecken des Sechsecks. Verbindet man die Eckpunkte mit einer gedachten Linie so, dass diese den Flächeninhalt des Sechsecks halbiert, ist diese Linie vertikal ausgerichtet. Parallel zu dieser Linie verlaufen rechts und links jeweils Kanten des Sechsecks vertikal wie in Bild 39 (B) dargestellt.

Im Folgenden beziehen sich alle weiteren Beschreibungen auf vertikale Hexagonal-Gitter.

6.2.2.3 Materialdichteverteilung beim Inkjet-Druck von Hexagonal-Gittern

Die Materialdichteverteilung ist als ein wesentlicher Einflussfaktor auf die Fertigungsqualität additiv hergestellter elektrischer Leiter identifiziert. Die Unterschiede von Pixel-Gittern und Hexagonal-Gittern in einer und zwei Dimensionen sind in Bild 40 illustriert. Neben den Gitter-Zellen und den Zellenmittelpunkten ist in jeder Zelle mittig zentriert ein blauer Innenkreis eingezeichnet, der ein deponiertes Materialtröpfchen repräsentieren soll. Der Durchmesser der Kreise ist dabei so gewählt, dass benachbarte Kreise einander gerade nicht überlappen. Auf diese Weise kann die Materialdichteverteilung anschaulich erläutert werden. In einem realen Druckbild ist die Druckauflösung passend zur Größe der Tröpfchen derart gewählt, dass eine Konfluenz der Tröpfchen stattfinden kann.

Bild 40: Vergleich Pixel-Gitter und Hexagonal-Gitter: Materialdichteverteilung in 1D und 2D

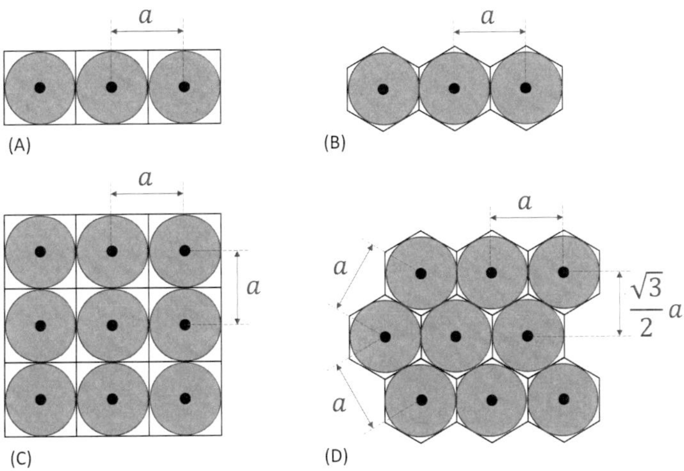

Für eine eindimensionale Anordnungen der Tröpfchen wie in Bild 40 (A) und (B) dargestellt, unterscheidet sich die Materialdichteverteilung zwischen Pixel-Gittern und Hexagonal-Gittern nicht. Beträgt der Mittenabstand der Zellen a (wie auch der Tröpfchen-Durchmesser), so beträgt für beide Gittertypen die Materialdichte entlang des Liniensegments ein Tröpfchen pro Längeneinheit a.

Für den Fall einer zweidimensionalen Anordnung der Tröpfchen wie in Bild 40 (C) und (D) dargestellt, unterscheidet sich die Materialdichteverteilung zwischen Pixel-Gittern und Hexagonal-Gittern jedoch. Für einen Mittelabstand der Zellen a beträgt die Materialdichte ein Tröpfchen pro Flächeneinheit a^2 für ein Pixel-Gitter (vgl. Bild 40 (C)). Bei einem Hexagonal-Gitter ändert sich die Anordnung jedoch derart, dass zwei aufeinander folgende Zeilen jeweils um $a/2$ vesetzt sind und sich der Abstand zweier Zeilen zueinander verringert (vgl. Bild 40 (D)). Bei einem Mittenabstand der Zellen a beträgt die Materialdichte ein Tröpfchen pro Flächeneinheit $\frac{\sqrt{3}}{2}a^2 \sim 0{,}866\ a^2$ für ein Hexagonal-Gitter.

Daraus ergeben sich für die Forderungen nach einem Erhalt von Gesamtmaterialmenge und Materialdichteverteilung aus Kap. 3 Konsequenzen. Es ist keine Möglichkeit gegeben, ein beliebiges existierendes Druckbild verlustfrei auf ein Hexagonal-Gitter zu übertragen. Für Spezialfälle wie z.B. ein Liniensegment ähnlich Bild 40 (A) und (B) kann die Möglichkeit einer verlustfreien Übertragung existieren. Eine allgemeine Möglichkeit zur verlustfreien Übertragung ist jedoch nicht bekannt. Abhängig vom Druckbild können näherungsweise ähnliche Bilder auf einem Hexagonal-Gitter erzeugt werden. Dies wird jedoch an dieser Stelle nicht weiter vertieft, sondern bei der Auslegung einer DMS-Delta-Rosette in Kap. 6.2.2.5 erneut aufgegriffen.

6.2.2.4 Datenformate zum Inkjet-Druck von Hexagonal-Gittern

Um die besondere Fähigkeit der Hexagonal-Gitter, Messleiter in drei unterschiedlichen Orientierungen mit konstanter Materialdichte herzustellen, nutzbar zu machen, müssen die Bilddaten auf Hexagonal-Gittern von einer Druckeranlage verarbeitet werden. In Ermangelung eines verfügbaren Datenformats für Bilddateien auf Hexagonal-Gittern wird ein Weg aufgezeigt, die Daten eines Hexagonal-Gitters in eine konventionelle Rastergrafik derart zu übertragen, dass eine verlustfreie Darstellung der Bildinhalte im Druckbild möglich ist. Die Software der Druckeranlage muss dabei die wichtige Grundvoraussetzung erfüllen, dass die Druckauflösung für die x- und y-Druckrichtung unabhängig voneinander und stufenfrei einstellbar sein muss.

In Bild 41 (A) ist ein Hexagonal-Gitter dargestellt, die schwarzen Punkte markieren jeweils die Zellenmittelpunkte. Wie auch schon in Bild 21 bei den Diagonal-Gittern sind die Zellenmittelpunkte relevant, da sie die Positionierung der Materialtröpfchen im Druckbild bestimmen und somit für den Erhalt der digitalen Druckinformation ausschlaggebend sind. Es lässt sich nun ein Hilfs-Gitter aus rechtwinkligen Zellen finden, sodass alle Zellenmittelpunkte des Hexagonal-Gitters als Zellenmittelpunkte des Hilfs-Gitters darstellbar sind, wie in Bild 41 (B) gezeigt ist. Damit können Bildinformationen eines Hexagonal-Gitters auf das Format einer konventionellen Rastergrafik übertragen und abgespeichert werden (vgl. Bild 41 (C)). Dieses Gitter ist eine Hilfskonstruktion, um das Fehlen eines entsprechenden Datenformats für Hexagonal-Gitter auszugleichen und die Kompatibilität zur Druckeranlage herzustellen. Für eine eindeutige Zuordnung werden Bilddateien für Druckvorlagen, die auf Hexagonal-Gittern ausgelegt und als Rastergrafik abgespeichert sind, mit dem in Bild 41 (C) gezeigten lilafarbenen Gitter und Rahmen mit der Beschriftung „Hexagonal-Gitter“ gekennzeichnet.

Bild 41: Unterschiedliche Darstellungs-Varianten eines Hexagonal-Gitters

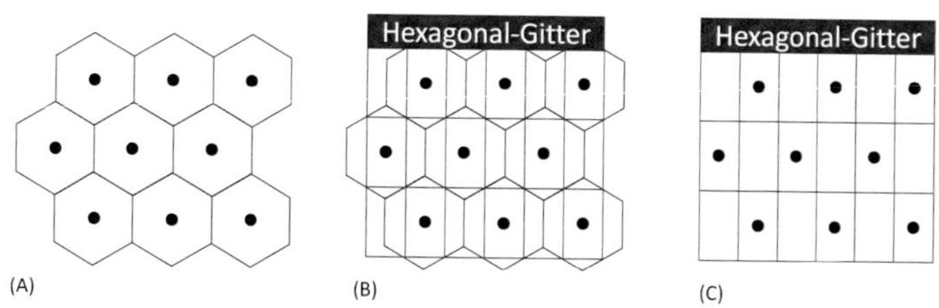

Die Speicherung der Daten erfolgt wie bei Rastergrafiken üblich in einer 2D Matrix aus Zeilen und Spalten für die Bildpunkte. Während das Hexagonal-Gitter in Bild 41 (A) neun Zellen aufweist, umfasst das Gitter in Bild 41 (C) die doppelte

Zellenanzahl. Das liegt an der Überdeckung des Gitters, bei dem jeweils eine Zwischenzelle in den Bereich des Hexagonal-Gitters fällt, in dem sich kein Zellenmittelpunkt befindet. Ein ähnliches Muster zeigte sich auch schon bei den Diagonal-Gittern.

Die Rastergrafik für den Druck von Hexagonal-Gittern weist damit maximal 50% gefüllte, bzw. schwarze Bildpunkte auf. Die Zwischenzellen dürfen nicht genutzt werden und müssen leer, bzw. weiß bleiben. Im Rahmen dieser Arbeit ist nicht festgelegt, ob die erste Zeile der Bilddatei rechts- oder linksbündig angeordnet ist, da sich die Bildfläche nach dem benötigten Bildinhalt richtet. Es empfiehlt sich die Verwendung einer geraden Anzahl von Zeilen und Spalten, bspw. für ein Zusammenfügen mehrerer Bilddateien oder weitergehender Transformationen. Für ein vollständig gefülltes Bild auf einem Hexagonal-Gitter sieht die Rastergrafik aus wie ein Schachbrettmuster. Dieses Erscheinungsbild ist identisch mit jenem der Diagonal-Gitter. Die Unterscheidung, um welches Gitter es sich handelt, ist in den Druckparametern über die Druckauflösung codiert, denn die Bilddateien der Druckvorlage können für die zwei Gittertypen tatsächlich identisch sein.

Um eine maßstabgetreue Übertragung der Zellenmittelpunkte zu gewährleisten und im Druckbild korrekt wiederzugeben, sind die Gitterkonstanten der überlagerten rechteckigen Zellen in x- und y-Richtung zu bestimmen. Bild 42 zeigt eine Überlagerung von drei Hexeln eines Hexagonal-Gitters mit einem Rechteck-Gitter wie in Bild 41.

Bild 42: Überlagerung von Hexeln mit einem Rechteck-Gitter zur Herleitung der Druckauflösungen

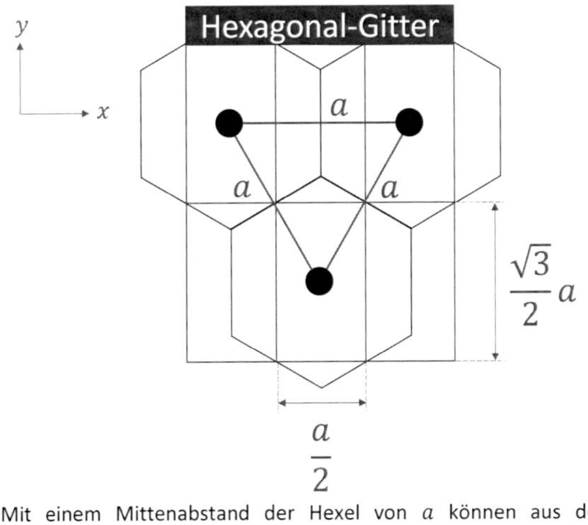

Mit einem Mittenabstand der Hexel von a können aus den geometrischen Beziehungen die Kantenlängen der rechteckigen Zellen bestimmt werden. Sie beträgt in x-Richtung $\frac{a}{2}$ und in y-Richtung $\frac{\sqrt{3}}{2}a$. Die einzustellenden Auflösungen für die x- und y-Druckrichtung verhalten sich reziprok. Ein Beispiel verdeutlicht die

Anwendung. Beträgt die Druckauflösung 500 DPI auf einem Pixel-Gitter, so müssen für den entsprechenden Tröpfchenabstand nach beschriebener Systematik (vgl. Bild 40 (C) und (D)) auf einem Hexagonal-Gitter folgende Auflösungen eingestellt werden:

- x-Richtung: $500 \cdot 2 = 1000$ DPI
- y-Richtung: $500 \cdot \frac{2}{\sqrt{3}} = 577{,}35$ DPI

Drückt man die Anpassung über den in Kap. 5.2.3 definierten Auflösungsanpassungsfaktor aus, beträgt dieser für die Hexagonal-Gitter:

$$\lambda_{\text{hex}} = \begin{pmatrix} \lambda_x \\ \lambda_y \end{pmatrix} = \begin{pmatrix} 2 \\ \frac{2}{\sqrt{3}} \end{pmatrix}$$

Durch die Unterscheidung der Druckauflösung in x- und y-Richtung erweitert sich λ zu einem 2-Tupel. Die Elemente des Tupels geben die Auflösungsanpassungsfaktoren für die jeweilige Druckrichtung an.

6.2.2.5 Erstellung von Druckvorlagen

Die besondere Eignung der Hexagonal-Gitter zur Auslegung von DMS-Messgittern liegt in der möglichen Winkelverteilung in Vielfachen von 60° für die Messleiter und damit für sogenannte Delta-Rosetten. Als Referenz dient hierfür der Referenz-DMS nach Bild 17. Dieser wird, wie in Bild 43 dargestellt, auf einem Hexagonal-Gitter approximiert, da eine identische Abbildung aus den oben dargelegten Gründen nicht erfolgen kann.

Die horizontale Ausrichtung der Messleiter in Kombination mit der Verwendung des vertikalen Hexagonal-Gitters ermöglicht die verlustfreie Übertragung dieser eindimensionalen Strukturen. Die Messleiter können mit identischer Materialdichteverteilung auf dem Hexagonal-Gitter wiedergegeben werden. Bei den zweidimensionalen Strukturen wie den Umkehrleitern, den Außenleiten und Kontaktpads erfolgt die Übertragung auf das Hexagonal-Gitter wie in Kap. 6.2.2.3 und Bild 40 beschrieben.

Bild 43: Erstellung des Referenz-DMS auf Hexagonal-Gitter

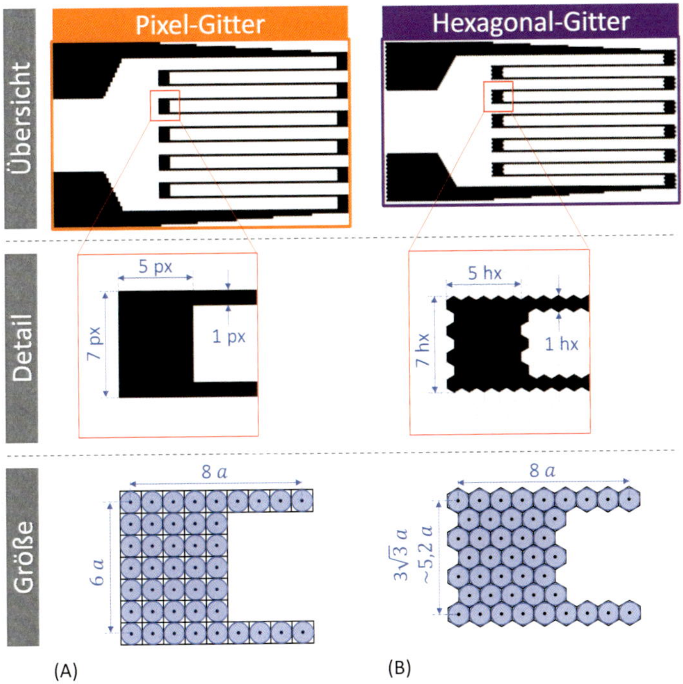

Schon in der Übersicht (erste Zeile) in Bild 43 fällt auf, dass der DMS auf einem Pixel-Gitter (A) bei identischer Breite im Vergleich zum DMS auf dem Hexagonal-Gitter (B) eine größere Bildhöhe aufweist. Dies liegt an der Art der gewählten Übertragung auf das Hexagonal-Gitter. Zeilenweise wird der Bildinhalt auf das Hexagonal-Gitter übernommen, wobei alternierend eine Ausrichtung nach links und rechts genutzt wird, um der hexagonalen Struktur zu folgen. Der Detailausschnitt in Bild 43 zeigt an einem Umkehrleiter das resultierende typische Erscheinungsbild.

Der Umkehrleiter mit seiner Ausdehnung von 5 x 7 Pixeln (px) weist nach Übertragung dieselbe Anzahl gefüllter Zellen von 5 x 7 Hexeln (hx) auf. Vier Zeilen auf dem Hexagonal-Gitter sind nach links ausgerichtet, drei Zeilen nach rechts. Der im Detailbild angeschnittene Messleiter zeigt für beide Gittertypen eine äquidistante Materialverteilung von einem Pixel, bzw. Hexel Breite. Da eine rein grafische Darstellung auf den Gittern mit schwarz und weiß gefüllten Zellen die Druckgeometrie nur unzureichend darstellt, zeigt Bild 43 zusätzlich eine dritte Zeile mit der Bezeichnung „Größe“. Diese gibt die Größe und geometrische

Materialverteilung des Druckbilds aufgeschlüsselt nach Zellenmittelpunkten und umgebende Kreise als angedeutete Materialtröpfchen wieder. Für diese Darstellung gelten die gleichen Annahmen wie für Bild 40.

Während in horizontaler Richtung die Druckgröße für beide Gittertypen unverändert ist, kommt es in vertikaler Richtung zu einer Abweichung. Der Abstand der Zellenmittelpunkte von erster zu letzter Zeile des Detailausschnitts beträgt $6\,a$ für das Pixel-Gitter, wobei a den Durchmesser des Innenkreises der jeweiligen Zelle bezeichnet. Dieser Abstand beträgt auf Hexagonal-Gitter $3\sqrt{3}\,a \sim 5{,}2\,a$. Dies entspricht dem in Kap. 6.2.2.3 bestimmten Skalierungsfaktor von $\frac{\sqrt{3}}{2}$.

Ein einzelner DMS auf einem Hexagonal-Gitter kann somit durch die beschriebene Übertragung des Referenz-DMS ausgelegt werden. Für die Erstellung einer Delta-Rosette sind jedoch drei DMS einer entsprechenden Winkelverteilung in einer Druckdatei zusammenzufassen. Eine dafür erforderliche verlustfreie Rotation von Bildinformationen auf Hexagonal-Gittern ist in Bild 44 illustriert.

Bild 44: Rotation (0°, 60°, 120°) auf Hexagonal-Gitter

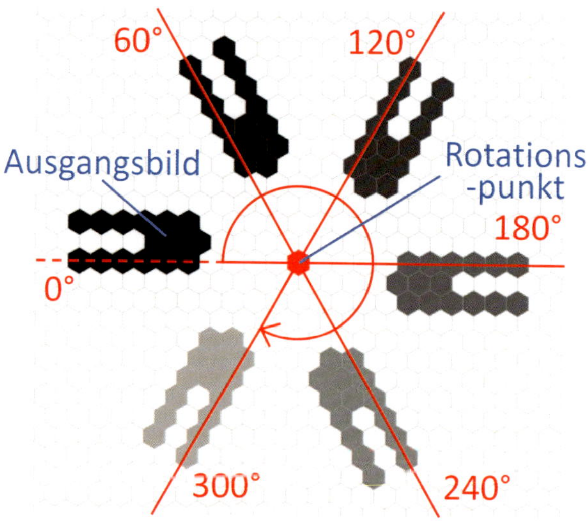

Zur Ausführung einer verlustfreien Rotation auf einem Hexagonal-Gitter bedarf es dreierlei. 1) Einer Bilddatei oder einem Ausgangsbild, welches rotiert werden soll. In Bild 44 entspricht dies der Struktur links bei der Markierung von 0° aus 15 Hexeln. 2) Ein Rotationspunkt, bzw. eine Hexel-Zelle auf dem Gitter, wie durch das rot gefüllte Hexel dargestellt. 3) Einen Rotationswinkel, der ein ganzzahliges Vielfaches von 60° beträgt. Unter diesen Angaben kann das Ausgangsbild auf dem Hexagonal-Gitter verlustfrei rotiert werden, da das Gitter unter besagten Winkeln rotationssymmetrisch ist. Jedes Hexel des Ausgangsbildes kann also eindeutig einer neuen Zelle des Gitters zugeordnet werden, da alle Zellen des Gitters nach der beschriebenen Rotation wieder über einer Gitter-Zelle liegen. Bild 44 zeigt zusätzlich die rotierten Bilder für Rotationswinkel von 60° bis 300°. Die rotierten Bilder sind als grau gefärbt mit abnehmender Helligkeit für zunehmende Rotationswinkel dargestellt. Die beschriebene Rotation verschiebt das Ausgangsbild, sodass vor und nach der Rotation die Anzahl gefüllter Hexel unverändert ist. Die die Erstellung einer DMS-Delta-Rosette werden drei DMS unterschiedlicher Rotationswinkel in ein Bild zusammengefasst. Um drei verschiedene Gitter-Orientierungen zu erzeugen, wie es für die hier betrachteten DMS-Rosetten erforderlich ist, dürfen sich die genutzten Rotationswinkel nicht um Vielfache von 180° unterscheiden. Typischerweise werden die Kombinationen (0°, 60°, 120°) und (0°, 120°, 240°) genutzt.

Durch die Überlagerung mit einem rechteckigen Hilfs-Gitter wird das Bild von dem Hexagonal-Gitter in eine konventionelle Rastergrafik überführt. Das ist erforderlich, um eine Kompatibilität zur Druckeranlage herzustellen, da entsprechende Bildformate für die native Unterstützung von Hexagonal-Gittern fehlen.

Bild 45: Referenz-DMS auf Hexagonal-Gitter und Übertragung auf rechteckiges Hilfs-Gitter

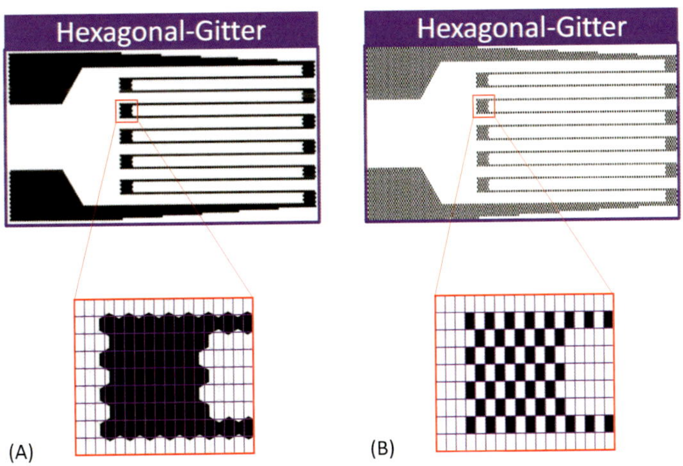

Bild 45 (A) zeigt den auf das Hexagonal-Gitter übertragenen Referenz-DMS (vgl. Bild 43) und einen Detailausschnitt inkl. der Überlagerung eines Rechteck-Gitters. Das Rechteck-Gitter ist derart überlagert, dass eine Übertragung des Bildinhalts, wie in Bild 41 gezeigt, stattfinden kann. Das Ergebnis der Übertragung ist in Bild 45 (B) dargestellt. (A) und (B) zeigen denselben Referenz-DMS auf einem Hexagonal-Gitter und der Entsprechung auf einem Pixel-Raster mit angepasster Skalierung, sodass die Bilder identisch groß dargestellt sind.

Derart erstellte Rastergrafiken können von der Druckeranlage verarbeitet werden. Damit sind die relevanten Schritte von der Auslegung von DMS auf Hexagonal-Gittern, einer möglichen Übertragung einer DMS-Struktur von einem Pixel-Gitter bis zur verlustfreien Bildrotation und den notwendigen Schritten zur Überführung in eine druckfähige Rastergrafik beschrieben.

Bild 46: Druckvorlage DMS Delta Rosette (0°, 60°, 120°) auf Hexagonal-Gitter

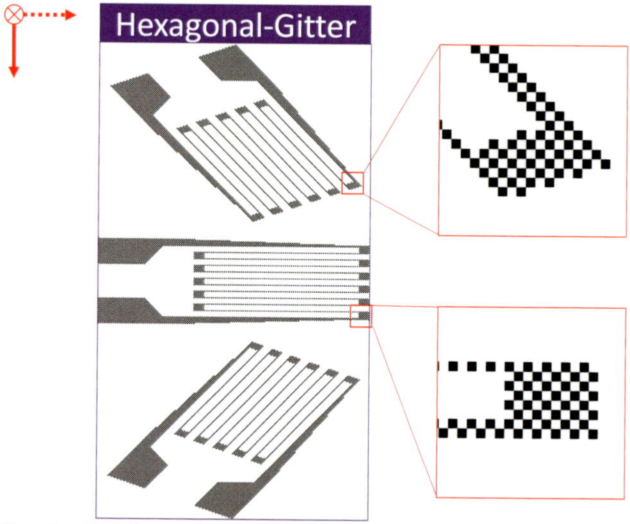

Für die Erstellung der Druckvorlage der DMS-Delta-Rosette wird eine Winkelverteilung von 0°, 60°, 120° genutzt und ist in Bild 46 dargestellt. Zum einen fällt durch diese Wahl die Druckvorlage kompakter aus als bei einer Winkelverteilung von 0°, 120°, 240°. Dadurch verringert sich im Vergleich die Anzahl der zu druckenden Spalten und die Druckdauer wird verkürzt. Zum anderen ähnelt diese Anordnung der DMS stärker jener der DMS Rechtwinkel-Rosette auf Basis von Diagonal-Gitter aus Bild 37, was einen anschließenden Vergleich vereinfacht.

Die Druckvorlage in Bild 46 ist mit quadratischen Pixeln dargestellt, was einer in x- und y-Richtung identischen Druckauflösung entspricht. Dies ist die übliche Darstellungsweise in Bildverarbeitungsprogrammen wie z.B. Adobe Photoshop und führt dazu, dass das Bild verzerrt erscheint. Die Detailausschnitte zeigen in dieser Darstellung ebenfalls ein Schachbrettmuster, ähnlich wie es sich bei den Druckvorlagen der Diagonal-Gitter gezeigt hat (vgl. Bild 28).

6.3 Experimentelle Untersuchungen

In diesem Unterkapitel wird die drucktechnische Herstellung der beiden neuartig für den Inkjet-Druck ausgelegten Typen von DMS-Rosetten beschrieben (Kap. 6.3.1). Nach einer Sinterung zur Herstellung der elektrischen Leitfähigkeit der DMS-

Messgitter werden die elektrischen Eigenschaften charakterisiert und ausgewertet (Kap. 6.3.2).

6.3.1 Drucktechnische Herstellung

Die Druckvorlagen der in Kapitel 6 ausgelegten DMS-Rosetten mit drei unterschiedlichen Gitterorientierungen sind in Bild 47 abgebildet. Die Rechtwinkel-Rosette in Bild 47 (A) weist eine Winkelverteilung der Messgitterorientierungen von 0°, 45°, 90° auf und wird durch den Druck von insgesamt 2 Schichten erzeugt. Die erste Schicht enthält das DMS-Messgitter mit dem Widerstandselement R2 und ist auf einem Pixel-Gitter definiert, welches mit einer Auflösung von 500 DPI gedruckt wird. Die zweite Schicht umfasst die DMS-Messgitter mit den Widerstandselementen R1 und R3 und ist auf einem Diagonal-Gitter definiert.

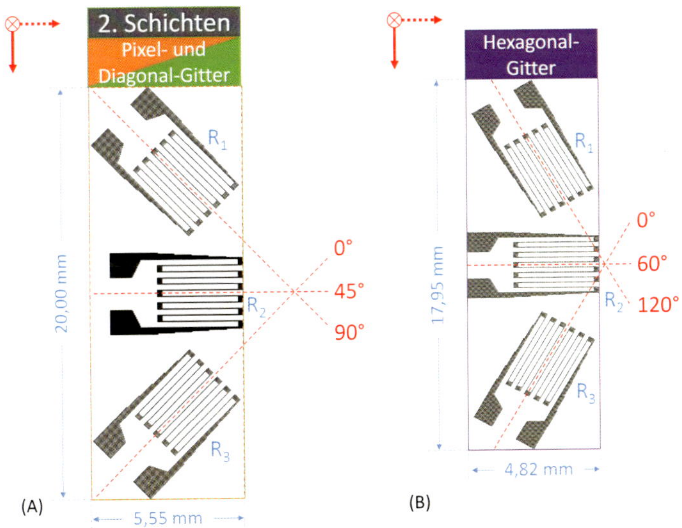

Bild 47: Druckvorlagen DMS Rechtwinkel- und Delta-Rosette im Vergleich sowie Abmessungen

Die Delta-Rosette in Bild 47 (B) weist eine Winkelverteilung der Messgitterorientierungen von 0°, 60°, 120° auf und wird in einer Schicht aufgedruckt. Die Widerstandselemente R1 bis R3 sind auf einem Hexagonal-Gitter definiert, welches mit einer Auflösung von 1000 DPI in x-Richtung und 577,35 DPI in y-Richtung gedruckt wird (vgl. Kap. 6.2.2.4).

Sowohl die Rechtwinkel- als auch die Delta-Rosette werden jeweils 30-fach auf Substrate aus PEN-Folie gedruckt. Dazu werden die Druckvorlagen analog zu Kap. 5 und wie in Bild 29 gezeigt, in fünf Zeilen und sechs Spalten vervielfältigt. Entsprechende Druckvorlagen sind in Kap. 10.3 aufgelistet. Die verwendete Silbertinte sowie die Druckereinstellungen sind in Kap. 4 beschrieben. Nach der

Trocknung auf der Substratplatte des Druckers werden die Proben bei 150°C für 30 min in einen Heizluftofen zur Sinterung verbracht.

Durch eine auflichtmikroskopische Erfassung kann die laterale Materialverteilung auf dem Substrat analysiert werden. Die axiale Materialverteilung bzw. Schichtdicke wird dabei nicht erfasst. Die Aufnahmen beider Rosetten-Typen nach dem Sintern sind in Bild 48 gezeigt. Links zeigen die Bilder (A) bis (C) jeweils einen Ausschnitt der Widerstandselemente R1 bis R3 der Rechtwinkel-Rosette. Rechts zeigen die Bilder (D) bis (F) jeweils einen Ausschnitt der Widerstandselemente R1 bis R3 der Delta-Rosette.

Bild 48:
Auflichtmikroskopie
DMS-Delta-Rosette
(0°, 60°, 120°) auf
Hexagonal-Gitter

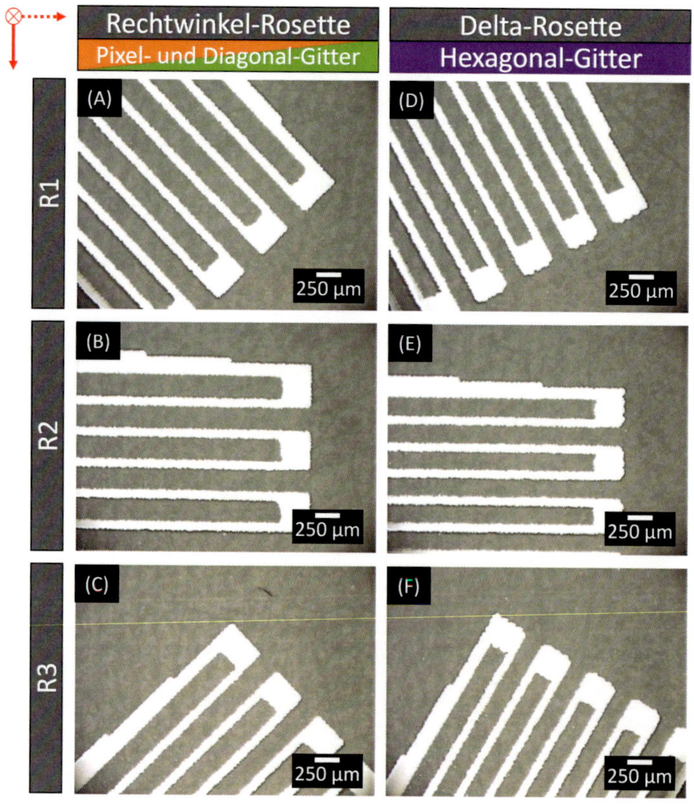

Die Messgitter der Rechtwinkel-Rosette in Bild 48 (A) bis (C) zeigen ein gleichmäßiges Druckbild mit einer geringen Ausprägung von Satellitentröpfchen. Alle Konturen verlaufen geradlinig, insbesondere die Außenkontor der Umkehrleiter. Die Breite der Messleiter beträgt ca. 94 µm. Breite und Höhe (vgl. Bild 17 sowie die in Kap. 5.2.1 eingeführte Bezeichnungskonvention) der äußeren Umkehrleiter bemessen sich zu ca. 290 µm, bzw. 440 µm. Die Messunsicherheit beträgt ±3 µm und ergibt sich aus dem Auflösungsvermögen des verwendeten Digitalmikroskops. Im Rahmen der Messunsicherheit können mittels Auflichtmikroskopie keine signifikanten Abweichungen zwischen den Widerstandselementen R1 bis R3 festgestellt werden.

Die Messgitter der Delta-Rosette in Bild 48 (D) bis (F) zeigen ebenfalls ein gleichmäßiges Druckbild mit einer geringen Ausprägung von Satellitentröpfchen. Mit Ausnahme der Umkehrleiter verlaufen die Konturen vergleichbar konturscharf wie bei der Rechtwinkel-Rosette. Insbesondere an der Außenkontur der Umkehrleiter zeigt sich ein periodisches Muster. Hier tritt die Anordnung der Materialtröpfchen auf dem Hexagonal-Gitter in Erscheinung wie der Detailausschnitt in Bild 45 (A) andeutet. Die Breite der Messleiter stimmt im Rahmen der Messunsicherheit mit jenem der Rechtwinkel-Rosette überein. Bild 49 fasst die Breiten der Messleiter für beide Rosetten-Typen zusammen und schlüsselt diese nach Widerstandselement auf. Die Breite beträgt mit ca. 94 µm knapp das doppelte des Mittenabstandes benachbarter Materialtröpfchen von 50,8 µm.

Bild 49: Breite der Messleiter für DMS Rechtwinkel- und Delta-Rosetten nach Widerstands-element (vgl. Bild 48)

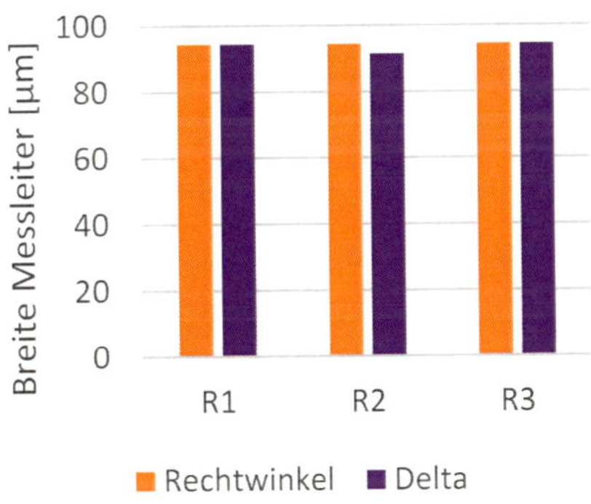

Die schon in der Druckvorlage und durch die Auslegung auf dem Hexagonal-Gitter bekannte Abweichung der Abmessungen kann anhand der Umkehrleiter nachvollzogen werden. Breite und Höhe der äußeren Umkehrleiter bemessen sich zu ca. 311 µm bzw. 393 µm. Ein Vergleich zwischen den beiden Rosetten bzw. ihren zugrunde liegenden unterschiedlichen Gittertypen kann anhand der äußeren Umkehrleiter besonders anschaulich nachvollzogen werden. Da die äußeren Umkehrleiter durch die Anbindung an den Außenleiter breiter ausfallen, können die Unterschiede messtechnisch genauer erfasst werden. Breite und Höhe der Umkehrleiter werden in Bild 50 für beide Rosetten-Typen und nach Widerstandselement aufgeschlüsselt.

Bild 50: Breite und Höhe der Umkehrleiter für DMS Rechtwinkel- und Delta-Rosetten nach Widerstandselement (vgl. Bild 48)

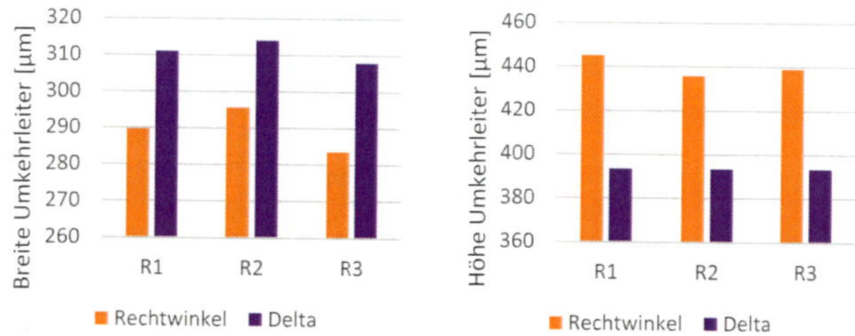

Die unterschiedlichen Abmessungen der Umkehrleiter können mit den berechneten theoretischen Erwartungswerten aus der Gitter-Geometrie verglichen werden. Wie anhand der Breite der Messleiter ermittelt, entspricht die Breite einer einzelnen Druckzeile nicht dem Mittenabstand benachbarter Tröpfchen von 50,8 µm, da sich benachbarte Tröpfchen im Druckbild überlappen. Aus diesem Grund ist weniger die absolute Größe der Umkehrleiter von Relevanz, sondern der relative Größenunterschied. Durch die alternierende Zeilenausrichtung nach links und rechts für Hexagonal-Gitter wird eine Erhöhung der Breite der Umkehrleiter von einem halben Mittenabstand zweier benachbarter Tröpfchen erwartet. Die schematische Darstellung in Bild 51 gibt entsprechende Maße für die Rechtwinkel-Rosette auf einem Pixel-Gitter (A) und die Delta-Rosette auf einem Hexagonal-Gitter (B) an. Der einfache Mittenabstand benachbarter Materialtröpfchen ist jeweils mit a bezeichnet. Der Mittenabstand a beträgt laut Druckvorlage 50,8 µm, sodass die erwartete Erhöhung der Breite

$$5{,}5\,a - 5\,a \;=\; 0{,}5\,a,$$

also ca. 25,4 µm beträgt. Mit einem gemessenen Wert von ca. 21 µm Erhöhung der Breite bestätigt sich die theoretische Annahme experimentell.

Bild 51: Erwartete Breite und Höhe der Umkehrleiter des Referenz-DMS auf (A) Pixel-Gitter und (B) Hexagonal-Gitter

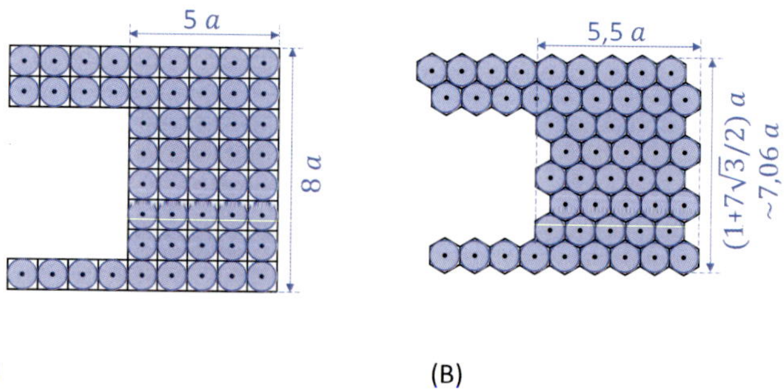

Außerdem wird eine Abnahme der Höhe des Umkehrleiters von

$$\Delta H = H_{\text{Pixel}} - H_{\text{Hexel}} = 8a - \left(1 + \frac{7\sqrt{3}}{2}\right) a = \frac{7}{2}\left(2 - \sqrt{3}\right) a \approx 0{,}94a,$$

also ca. 47,6 µm angenommen. Dieser Wert bestimmt sich aus der Differenz der Höhen wie in Bild 51 dargestellt. Die Höhe des Umkehrleiters auf dem Hexagonal-Gitter bestimmt sich aus dem Abstand der Geraden durch die Mittelpunkte der oberen und unteren Reihe von $7 \cdot \frac{\sqrt{3}}{2} a$ nach Bild 42 zuzüglich $2 \cdot 0{,}5\ a$ jeweils für die halbe Zeile oberhalb und unterhalb der Geraden durch die Mittelpunkte. Mit einer auflichtmikroskopisch bestimmten Differenz der Höhe von 47 µm, kann auch diese theoretische Annahme als experimentell bestätigt angesehen werden.

6.3.2 Elektrische Eigenschaften der DMS-Rosetten

Die Analyse der elektrischen Eigenschaften wird in den folgenden Unterkapiteln für Rechtwinkel-Rosetten und Delta-Rosetten durchgeführt. Zusätzlich zur Kenngröße der absoluten Widerstandswerte wird der Begriff der „Verstimmung“ für Rosetten definiert und für die Analyse ergänzt.

6.3.2.1 Rechtwinkel-Rosetten

Die Widerstände der gesinterten Messgitter werden, wie in Kap. 4.3.3 beschrieben, mit einem Digitalmultimeter bestimmt. Für die 30 Rechtwinkel-Rosetten aus jeweils drei Messgittern werden die Widerstände nach ihrer Anordnung auf dem Substrat erfasst. Dies ist in Bild 52 dargestellt. Die Rosetten sind in fünf Zeilen und sechs Spalten angeordnet und in der Abbildung als Rechteck mit farblicher Hinterlegung dargestellt. Jedes Rechteck enthält drei Zeilen mit einem Zahlenwert, der jeweils den Widerstand eines Elements der Rosette in Ohm angibt. Der Hintergrund der drei Zeilen ist entsprechend des Zahlenwertes farblich codiert, sodass ein Überblick der räumlichen Widerstandsverteilung über die gesamte Proben-Folie gegeben ist.

Defekte Messgitter, für die kein Widerstandswert aufgrund von z.B. einer Unterbrechung der Leiterbahnen gemessen werden kann, sind weiß hinterlegt und anstelle eines Zahlenwertes für den Widerstand ist ein „-“ eingetragen. Ein Defektes Messgitter wird als fehlerhaftes Widerstandselement gewertet. Ist mindestens ein Messgitter einer Rosette defekt, wird für die Auswertung die gesamte Rosette als defekt bzw. fehlerhaft gewertet.

Bild 52: DMS Rechtwinkel-Rosette: Räumliche Verteilung der Widerstände auf der Probenfolie

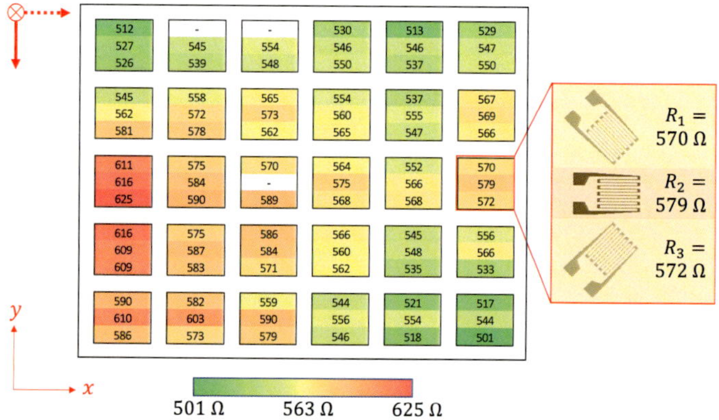

Die statistische Verteilung der Widerstandswerte der Rechtwinkel-Rosetten nach Widerstandselementen aufgeschlüsselt ist in Bild 53 als Boxplot dargestellt, ebenso wie die Ausbeute und die Verteilung nach Widerstandelementen. Wie schon in der Übersicht in Bild 52 erkennbar ist, sind insgesamt 3 von 90 DMS-Messgitter der Rechtwinkel-Rosetten defekt. Davon entfallen zwei Messgitter auf R1 und ein Messgitter auf R2. Die Anzahl der Defekte liegt in der erwarteten Größenordnung [166], da die Untersuchungen nicht in einem Reinraum, sondern unter normalen Laborbedingungen durchgeführt sind. Staubpartikel können Kurzschlüsse oder Leiterbahnunterbrechungen bewirken [166].

Bild 53: Auswertung der -Widerstände für DMS Rechtwinkel-Rosette (links) Widerstände der Widerstands-elemente (rechts) Ausbeute intakter Widerstands-elemente

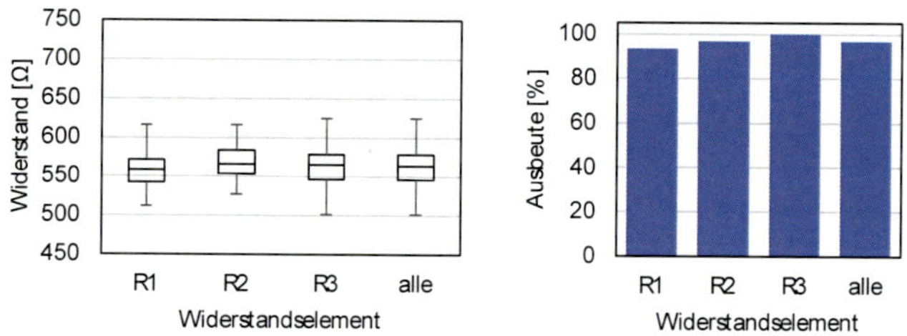

Die Verteilung der Widerstandswerte liegt zwischen 501 Ω und 625 Ω bei einem Median von 564 Ω. Die Verteilungen für die Widerstandselemente R1 bis R3 weichen nur geringfügig voneinander ab. Keine der Verteilungen zeigt deutliche Abweichungen für bestimmte Widerstandselemente, wie bei den DMS-Vollbrücken in Bild 32 aus Kap. 5.

Durch den Boxplot ergibt sich jedoch nur ein unvollständiges Bild, da die Widerstandswerte auf der Probe räumlich nicht zufällig verteilt scheinen. In der Übersicht von Bild 52 lassen sich in bestimmten Bereichen verstärkt ähnliche Farben beobachten, was einer lokalen Anhäufung großer oder kleiner Widerstände entspricht. Die Widerstandsunterschied zu einem benachbarten Element fällt gering aus im Vergleich zur Variation über die gesamte Probenfläche, sodass von einer graduellen räumlichen Widerstandsverteilung gesprochen werden kann. Es ist zu erwarten, dass die Streuung der Werte innerhalb einer einzelnen Rechtwinkel-Rosette geringer ausfällt als bei einer gleichmäßigen räumlichen Verteilung und einem Schwankungsintervall wie nach Bild 53 zu erwarten. Daher werden die Daten zusätzlich nach einer Verstimmung der Rosette ausgewertet. Der Begriff „Verstimmung" ist bereits im Zuge der Betrachtung der DMS-Vollbrücken und der Wheatstoneschen Brückenverstimmung angewendet worden. Für eine DMS-Rosette mit nur drei Widerstandselementen kann die zuvor genutzte Definition für eine Verstimmung (Gleichung (4) auf S.8) nicht angewendet werden. Mit Verstimmung, wie sie für DMS-Rosetten verstanden wird, ist vielmehr die Standardabweichung in % bezogen auf den arithmetischen Mittelwert der Widerstandswerte innerhalb einer Rosette gemeint:

$$V_{\mathrm{D}} = \frac{\frac{1}{\sqrt{n}}\sqrt{\sum_i (R_i - \bar{R})^2}}{\bar{R}} \qquad (9)$$

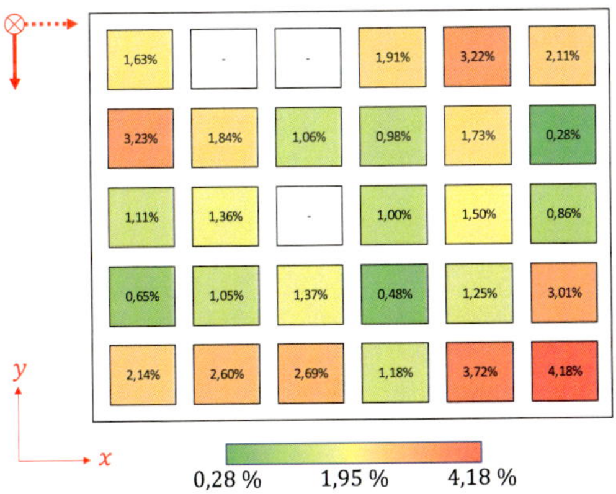

Bild 54: DMS Rechtwinkel-Rosette: Räumliche Verteilung der Rosetten-Verstimmung auf der Probenfolie

Analog zu Bild 52 ist auch die Verteilung der Rosetten-Verstimmung nach ihrer Anordnung auf dem Substrat erfasst und in Bild 54 dargestellt. Jedes Rechteck enthält einen Zahlenwert, der die Verstimmung einer Rosette in % angibt. Defekte Rosetten, bei denen mindestens eins der Messgitter fehlerhaft ist, sind weiß hinterlegt. Funktionstüchtige Rosetten sind entsprechend des eingetragenen Verstimmungswertes farblich codiert. In dieser Darstellung treten unterschiedliche Widerstandswerte innerhalb der Rosetten in den Vordergrund, da sie eine Erhöhung der Verstimmung bewirken.

Bild 55:
Verstimmung der DMS Rechtwinkel-Rosetten

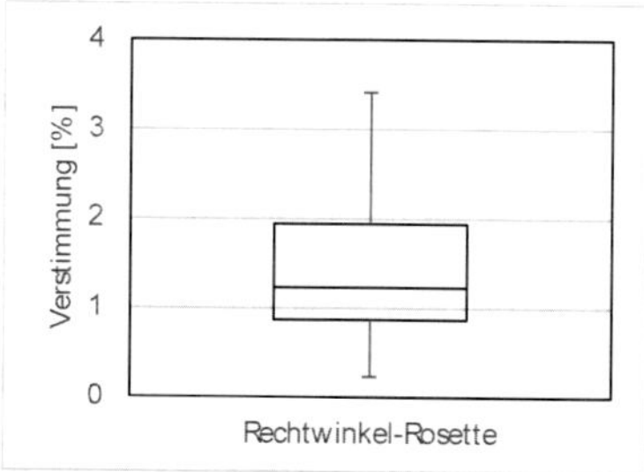

Da drei der 30 Rechtwinkel-Rosetten mindestens ein defektes Widerstandselement aufweisen, liegt die Fehlerrate bei 10 %. Die Verteilung der Verstimmung ist in Bild 55 als Boxplot dargestellt. Die Verstimmung liegt zwischen 0,28 % und 4,18 % und der Median bei einem Wert von 1,50 %.

Für die bereits angesprochene räumliche Verteilung der Widerstände, welche in Bild 52 beobachtet werden konnte, kann keine Korrelation zu der Verstimmung nach Bild 54 festgestellt werden. Zwar bilden sich Rosetten großer und kleiner mittlerer Widerstände aus, der absolute Wert der Widerstände steht jedoch nicht im Zusammenhang mit der gemessenen Verstimmung (vgl. Bild 82 in Kap. 10.5).

Die Ursachen für die graduelle räumliche Widerstandsverteilung können unterschiedlichen Ursprungs sein. Auf der einen Seite können diese aus dem Druck- und Trocknungsprozess resultieren, auf der anderen Seite kann auch der Sinterungsprozess im Ofen ursächlich sein, oder eine Kombination aus beidem. Gemessene Temperaturverteilungen in der Ebene des Gitterrosts im Ofen, bzw. der der Probe unterlegten Metallplatte zur Homogenisierung zeigten eine maximale Variation von ca. 1 °C. Oxidation als Erklärung für mögliche Abweichungen wird als unwahrscheinlich angenommen, da das Material in dem für die Sinterung verwendeten Parameterbereich als unauffällig gegenüber oxidativen Einflüssen auf die Leitfähigkeit gilt.

Während des Druckprozesses können Druck- und Vorschubrichtung einen Einfluss haben, da mit dem Druck der ersten Zeile der Trocknungsprozess einsetzt, während der Rest des Druckbildes noch in der Entstehung ist. Die Größe bedruckter nasser und (teil-)getrockneter Fläche ändert sich dabei stetig während des Druckprozesses. Mit der Größe und Verteilung der nassen Fläche ändert sich ebenso die Verdunstungsrate des Lösungsmittels über die Prozessdauer, wie auch die Sättigung der Luft mit Lösungsmittel oberhalb der Probe. Die Luftsättigung wiederum beeinflusst die Verdunstungsrate, sodass sich ein komplexes Zusammenspiel von Druckbild, Druck- und Vorschubrichtung sowie der Luftbewegung und des Luftaustauschs ergibt. Da für die Messgitter der ersten Spalte schon die Trocknung beginnt und die Trocknung abgeschlossen ist, bevor die Messgitter der letzten Spalte vollständig gedruckt sind, ist die Dauer, die die Messgitter der 60°C warmen Substratplatte zur Trocknung ausgesetzt sind, unterschiedlich in der Vorschubrichtung des Drucks. Im Experiment wird beobachtet, dass die Messgitter der ersten und letzten Zeile tendenziell schneller trocknen als die innenliegenden Zeilen des Testmusters, was auf unterschiedliche Verdunstungsraten und Luftsättigung mit Lösungsmittel hindeutet.

Während des Sintervorgangs im Heizluftofen kann, bedingt durch die unterschiedlichen möglichen Wärmetransportmechanismen, eine räumlich inhomogene Wärmedeposition in die Probe erfolgen. Die Größe der bedruckten Substrate (Format DIN A4) spielt dabei eine Rolle, wie an folgenden zwei Beispielen erläutert wird. 1) Der Wärmetransport über Wärmeleitung der Auflage (Gitter in seitlichen Führungsschienen des Ofens) im Ofen hat sich bei früheren Untersuchungen als problematisch herausgestellt. Werden Proben auf PEN- oder Glas-Substraten direkt auf das metallische Gitter des Ofens abgelegt, so konnte in der Nähe der Kontaktstellen von Substrat und einer Gitterstrebe eine gesteigerte Wärmeeinbringung in Form eines erhöhten Sintergrades beobachtet werden. Aus diesem Grund werden alle Ofensintervorgänge dieser Arbeit mit einer zusätzlichen Metallplatte zwischen Ofengitter und den Substraten durchgeführt, sodass der Wärmetransport über die Auflagefläche gleichmäßiger erfolgt. Staubpartikel oder dünne Fasern aus der Raumluft können sich jedoch leicht auf der großen PEN-Folie oder der Metallplatte ablagern und so zu einem lokalen Luftspalt unter der Folie führen, der die Wärmeeinbringung über Wärmeleitung herabsetzt. 2) Der Wärmetransport über Konvektion wird durch einen rückseitig verbauten Propeller angetrieben, der die erwärmte Luft in der Ofenkammer umwälzt. Auch hier ist aufgrund der Probengröße davon auszugehen, dass die Probe nicht auf ihrer gesamten Oberfläche gleichförmig mit Luft angeströmt wird. Eine räumlich inhomogene Wärmedeposition kann einen Einfluss auf den Grad der Sinterung und damit auf die erzielbaren elektrischen Widerstände haben. Eine genaue Analyse dieser Einflussfaktoren gestaltet sich jedoch herausfordernd und wird im Rahmen dieser Arbeit nicht weiterverfolgt.

6.3.2.2 Delta-Rosetten

Analog zu den Rechtwinkel-Rosetten wird die Analyse der Delta-Rosetten durchgeführt und die Widerstände werden nach ihrer räumlichen Anordnung auf dem Substrat erfasst, die in Bild 56 abgebildet ist.

Bild 56: DMS-Delta-Rosette: Räumliche Verteilung der Widerstände auf der Probenfolie

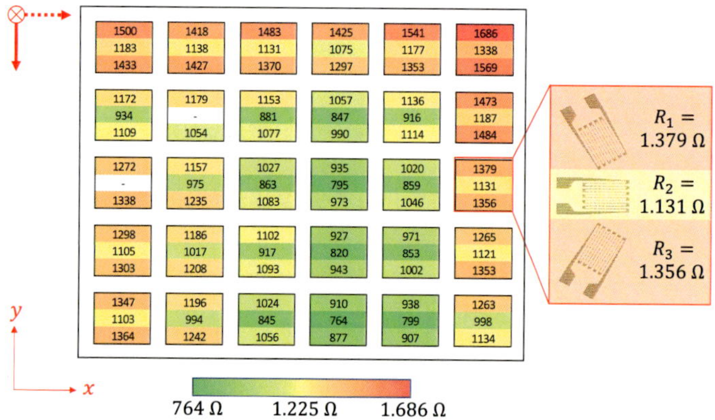

Wie schon in der Übersicht in Bild 56 erkennbar ist, sind insgesamt 2 von 90 DMS-Messgittern der Delta-Rosetten defekt. Davon entfallen beide Messgitter auf R2. Wie bei der Analyse der Rechtwinkel-Rosette fällt bei der Übersicht der Delta-Rosetten nach Bild 56 eine graduelle räumlichen Widerstandsverteilung auf der Probenfolie auf. Im Vergleich zu Bild 52 treten die Bereiche großer und kleiner Werte jedoch an unterschiedlichen Positionen auf. Ein weiterer Unterschied besteht außerdem in den absoluten Widerstandwerten der Messgitter sowie ihrer relativen und absoluten Variation.

Die statistische Verteilung der Widerstandswerte der Delta-Rosetten nach Widerstandselementen aufgeschlüsselt ist in Bild 57 als Boxplot dargestellt. Ebenso ist die Ausbeute und die Verteilung nach Widerstandelementen angegeben.

Bild 57: Auswertung der Widerstände für DMS-Delta-Rosette (links) Widerstände der Widerstands-elemente (rechts) Ausbeute intakter Widerstands-elemente

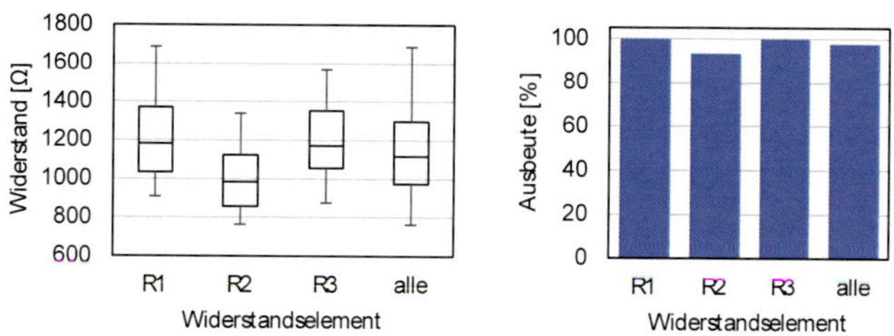

Die Verteilung der Widerstandswerte liegt zwischen 764 Ω und 1.686 Ω bei einem Median von 1.117 Ω. Als mögliche Ursachen für die Ausreißer und Schwankungsbreite sei auf die in Kap. 6.3.2.1 beschriebenen Erklärungen verwiesen. Die Verteilungen für die Widerstandselemente R1 (Median: 1.183 Ω) und R3 (Median: 1.171 Ω) weichen nur geringfügig voneinander ab. Die

Widerstandselemente R2 nehmen jedoch mit einem Median von 985 Ω ein deutlich geringeres Widerstandsniveau an. Damit ist zu erwarten, dass die Verstimmung der Delta-Rosetten höher ausfällt, verglichen mit den Rechtwinkel-Rosetten.

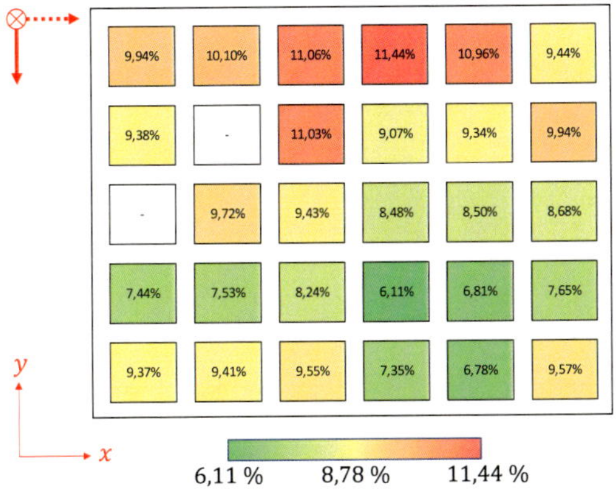

Bild 58: DMS-Delta-Rosette: Räumliche Verteilung der Rosetten-Verstimmung auf der Probenfolie

Die Verteilung der Rosetten-Verstimmung nach ihrer Anordnung auf dem Substrat ist in Bild 58 dargestellt. Funktionstüchtige Rosetten sind entsprechend ihres Verstimmungswertes farblich codiert. Da zwei der 30 Delta-Rosetten mindestens ein defektes Widerstandselement aufweisen, liegt die Ausbeute bei ca. 93,33 %. Die Verteilung der Verstimmung ist in Bild 59 als Boxplot dargestellt. Die Verstimmung liegt zwischen 6,11 % und 11,44 % und der Median bei einem Wert von 9,37 %. Eine Korrelation zwischen den absoluten Widerständen und der Verstimmung bei Delta-Rosetten ist nicht gegeben (vgl. Bild 83 in Kap. 10.5).

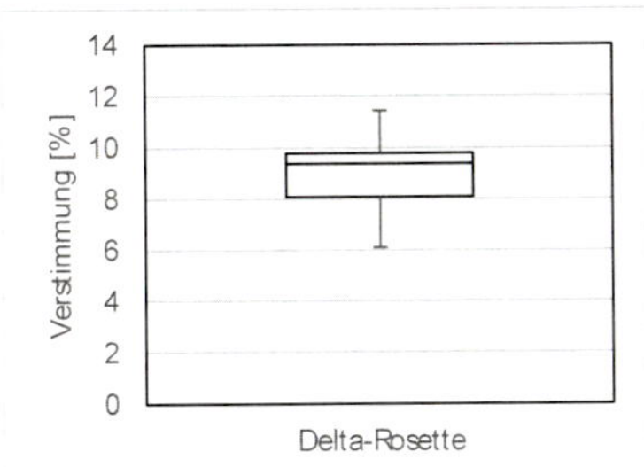

Bild 59: Verstimmung der DMS-Delta-Rosetten

Das im Vergleich zur Rechtwinkel-Rosette erhöhte Niveau der Verstimmung wird in erster Linie verursacht durch Abweichung der Widerstandselemente R2. Eine Betrachtung der Druckvorlage in Bild 46 der Delta-Rosette liefert einen

Erklärungsansatz. Wichtig ist dafür die spaltenweise Betrachtung der Messleiter, die im Druckbild eine schmale Linie von nur einem Bildpunkt Breite erzeugt. Bei den Widerstandselementen R1 und R3 wird bei jeder Überfahrt in Druckrichtung (Spalte der Bilddatei) ein Materialtröpfchen abgesetzt. Bei dem Widerstandselement R2 hingegen befindet sich zwischen zwei benachbarten Bildpunkten entlang eines Messleiters eine leere Zelle, sodass nur bei jeder zweiten Überfahrt des Druckkopfes ein Materialtröpfchen abgesetzt wird. Damit verdoppelt sich die Zeit zwischen dem Auftreffen zweiter benachbarter Materialtröpfchen entlang eines Messleiters für das Widerstandselement R2. Dieser zeitliche Versatz beim Auftreffen benachbarter Tröpfchen wurde bereits in der Literatur als wichtiger Einflussfaktor bei der Ausbildung der Schichtmorphologie, insbesondere von schmalen Leiterbahnen, identifiziert [74]. Abhilfe könnte einer Verbreiterung der Leiterbahnen oder einer angepassten Druckstrategie für den zeitlichen Versatz für das Auftreffen benachbarter Materialtröpfchen liegen.

6.4 Zwischenfazit

In diesem Kapitel werden zwei verschiedene Möglichkeiten aufgezeigt, DMS-Rosetten mit drei unterschiedlichen Gitterorientierungen auszulegen, mittels Inkjet-Druckverfahren herzustellen und zu sintern. Dabei steht die Berücksichtigung von Druck-Richtung zur Messleiterausrichtung im Fokus und die in Kap. 3.2 beschriebene Zielsetzung.

Eine Rechtwinkel-Rosette mit der Winkel-Verteilung 0°, 45°, 90° wird unter Nutzung eines Pixel-Gitters und eines Diagonal-Gitters ausgelegt und in zwei Schichten nacheinander aufgedruckt. Materialmenge und Materialdichteverteilung für die DMS-Messgitter können durch die Einführung einer neuen Methode zur verlustfreien Bildtransformation nach Kap. 5.2.2 erhalten bleiben, wie in der Zielsetzung gefordert. Die elektrische Charakterisierung ergibt eine Verstimmung der Rechtwinkel-Rosetten zwischen 0,28 % und 4,18 % und einen Median von 1,50 % bei $N = 27$ intakten Rosetten.

Eine Delta-Rosette mit der Winkel-Verteilung 0°, 60°, 120° wird unter Nutzung eines für das Inkjet-Druckverfahren neu definierten Hexagonal-Gitters ausgelegt und die vollständige Rosette in einer einzigen Schicht aufgedruckt. Durch die geometrischen Eigenschaften des Hexagonal-Gitters ist eine Übertragung des für die Auslegung zugrunde gelegten Referenz-DMS von einem Pixel-Gitter auf das Hexagonal-Gitter nicht verlustfrei möglich, sondern kann nur näherungsweise erfolgen. Eine Bildrotation auf dem Hexagonal-Gitter kann dann wieder verlustfrei erfolgen. Die elektrische Charakterisierung ergibt eine Verstimmung der Delta-Rosetten zwischen 6,11 % und 11,44 % und einen Median von 9,37 % bei $N = 28$ intakten Rosetten.

Die Methoden des Standes von Wissenschaft und Technik können sowohl die in der Zielsetzung beschrieben Anforderungen nicht erfüllen und weisen hohe Defektraten für den Druck von Rosetten mit drei unterschiedlichen Gitterorientierungen auf. Eine Anwendung der Schwellenwertmethode für das vorgestellte Design von DMS Rechtwinkel-Rosetten resultiert in einer Fehlerrate von 90 % (vgl. Kap. 5.2.1 und Kap. 6.2). Aufgrund der hohen Fehlerraten können diese mittels konventioneller

Methoden herstellten DMS-Rosetten keinen quantitativen Benchmark der elektrischen Eigenschaften darstellen.

Damit stellen beide hier untersuchten neuen Typen der DMS-Rosetten eine Verbesserung zum Stand von Wissenschaft und Technik dar. Beide Typen stellen in ihrer Druckvorlage eine konstante Materialdichte entlang der Messleiter bereit und können verlustfrei um die erforderlichen Winkel rotiert werden. Durch den Druck zweier Schichten (eine Schicht enthält ein Pixel-Gitter und eine weitere Schicht ein Diagonal-Gitter) können Rechtwinkel-Rosetten mit einer Verstimmung von nur 1,5 % (Median) erzeugt werden. Mittels neu eingeführtem Hexagonal-Gitter ist der Druck von Delta-Rosetten in einer einzigen Schicht möglich. Die erzielte Verstimmung liegt bei einem Median von 9,37 %.

7 Mehrlagen-Druckstrategie zur Unterdrückung von Materialtransport in Inkjet-gedruckten Strukturen

Die bisherigen Kapitel beschäftigten sich intensiv mit schmalen Messleitern und ihrer Orientierung zur Druckrichtung. In diesem Kapitel verschiebt sich der Betrachtungshorizont und widmet sich einem Effekt, der die Materialverteilung einer Inkjet gedruckten metallischen Struktur entscheidend beeinflusst. Der Materialtransport in nassen, Inkjet gedruckten partikulären Metallschichten wird in Kap. 7.1 beschrieben und die sich daraus resultierenden Herausforderungen. Zur Lösung wird der Ansatz einer Mehrlagen-Druckstrategie in Kap. 7.2 vorgestellt und die zur Anwendung notwendigen Schritte beschrieben. Eine experimentelle Validierung findet in Kap. 7.3 statt, bevor die Ergebnisse in Kap. 7.4 in einem Zwischenfazit zusammengefasst werden.

7.1 Materialtransport in nassen, Inkjet-gedruckten partikulären Schichten

Das beim Inkjet-Druck zur Herstellung partikulärer metallischer Schichten verwendete Material, bzw. die verwendete Tinte besteht grundsätzlich aus zwei wesentlichen Komponenten. Das sind die Metallpartikel mit einer typischen Größe von wenigen 10 Nanometern und ein Vehikel (Lösungsmittel), welches die Partikel aufnimmt und über entsprechende Fließeigenschaften verfügt, sodass ein Inkjet-Druckkopf reproduzierbar kleine frei fliegende Tröpfchen erzeugen kann. Die Tinten verfügen typischerweise über weitere Zusätze und Modifikationen, um bspw. eine Aggregation von Partikeln zu unterdrücken. Diese Aspekte werden für die folgende Darstellung vernachlässigt, da die grundsätzlichen Herausforderungen mit einem vereinfachten Modell erklärt werden können.

In der Einführung zum Drop-On-Demand Inkjet-Druck in Kap. 2.2 wird der schrittweise Ablauf der Materialdeposition vorgestellt und detailliert beschrieben. Für den hier betrachteten Schwerpunkt des Materialtransports in nassen Schichten, sind die drei wichtigen Schritte in Hinblick auf die Erzeugung großflächiger Schichten (bis zu mehreren Quadratzentimetern) in Bild 60 zusammengefasst.

Der Druckkopf bewegt sich relativ zum Substrat und stößt frei fliegende Materialtröpfchen aus, die auf dem Substrat auftreffen und die Oberfläche benetzen (vgl. Bild 60 (A)). Wird die Druckauflösung entsprechend hoch genug gewählt, kommt es zur sogenannten Koaleszenz. D.h. es verbinden sich mehrere nebeneinander aufgetroffene Tröpfchen zu einem gemeinsamen Flüssigkeitsfilm (vgl. Bild 60 (B)). Im Gegensatz zu distinkten Materialtröpfchen verbinden sich diese derart, dass sie eine gemeinsame Oberfläche (Grenzfläche Tinte zu Luft) ausbilden und sich die Flüssigkeiten miteinander vermischen. Es besteht also die Möglichkeit, dass sich das Lösungsmittel und die darin enthaltenen Partikel innerhalb des nassen Films frei bewegen oder verschieben können. Für eine solche Bewegung bedarf es allerdings eines Antriebsmechanismus. Eine Übersicht möglicher Transportmechanismen ist in

Kap. 2.2.1 beschrieben. So können verschiedenartige Konvektionsströmungen auftreten, die Verdunstung des Lösungsmittels und die Oberflächenspannung setzen Transportmechanismen in Gang, die vielfach unter dem Begriff des Kaffeering-Effektes in der Literatur beschrieben werden. Ein weiterer trivial erscheinender Effekt sollte an dieser Stelle ebenfalls genannt sein: Eine leichte Verkippung des Substrates kann dazu führen, dass Tinte von einem höher liegenden Niveau auf ein räumlich niedrigeres Niveau herunterfließt. Ist das Lösungsmittel verdampft und der Film damit getrocknet, findet in der Regel keine weitere Materialverschiebung mehr statt und die Partikel verbleiben als Ablagerung auf der Substratoberfläche (vgl. Bild 60 (C)).

Bild 60: Schema Materialtransport in nassen Schichten

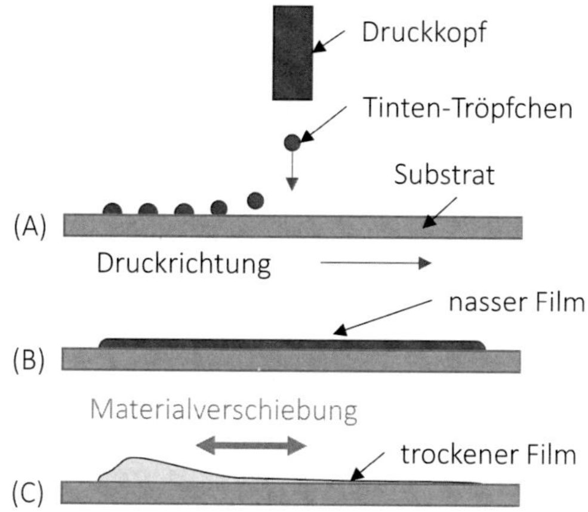

Die Materialverteilung nach der Trocknung auf dem Substrat kann unterschiedliche Ausprägungen annehmen und wie angedeutet von einer Vielzahl von Mechanismen beeinflusst werden. Es ist stets von einer Überlagerung mehrerer Effekte auszugehen, da Einflussgrößen wie die Substrattemperatur oder der Luftaustausch mehrere Mechanismen beeinflussen können. Des Weiteren kann die Geometrie des Druckbildes (also die initiale Materialdichteverteilung auf der Oberfläche) die ortsabhängige Verdunstungsrate beeinflussen. Das Druckbild kann geometrische Konstellationen oder Formen enthalten, die, durch die Oberflächenspannung getrieben, Kapillarflüsse der Tinte bewirken.

Ein Beispiel hierfür ist der Übergang eines schmalen Leiters (z.B. ein Messleiter) zu einem großflächigen Bereich (z.B. ein Kontaktpad). Ein solches Beispiel ist in Bild 61 nach [75] dargestellt. Es liegt eine Teststruktur zugrunde, die aus einer 10 mm langen Leiterbahn und zwei an den Enden anschließenden Kontaktpads von jeweils 2 x 2 mm^2 Größe besteht. Die Leiterbahn ist in der Druckvorlage durch eine einzelne

Zeile gefüllter Pixel (ein Pixel Breite) wiedergegeben und liegt in Druckrichtung, sodass die Leiterbahn durch eine einzige Überfahrt des Druckkopfes erzeugt wird.

Die weißlichtinterferometrische Aufnahme in Bild 61 stellt eines der Kontaktpads und die rechts ansetzende Leiterbahn dar. Das abgebildete Oberflächenprofil zeigt einen Inkjet-Druck aus Silber auf einem Glassubstrat. Weiterhin sind zwei Profilschnitte durch das Kontaktpad und quer zur Leiterbahn abgebildet. Ein Vergleich der Profilhöhen ergibt Schichtdicken von über 800 nm auf dem Kontaktpad, während die Höhe der Leiterbahn unterhalb von 200 nm verbleibt.

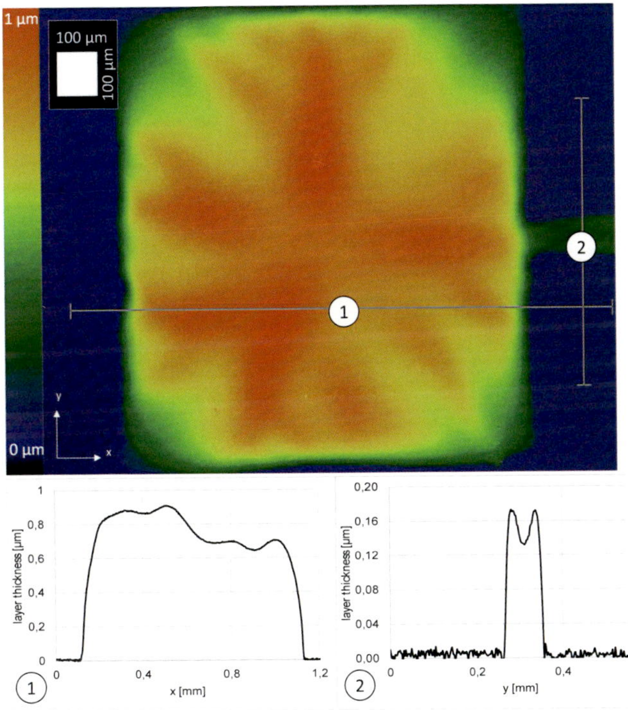

Bild 61: Profilmessung eines Kontaktpads mit Leiterbahn mittels Weißlichtinterferometrie nach [75], Inkjet-gedrucktes Silber auf Glas-Substrat

(1) Kontaktpad

(2) Leiterbahn

Das Profil quer zur Leiterbahn zeigt außerdem das für den Kaffeering-Effekt typische Trocknungsmuster des Doppelhöckers. In der flächenhaften Aufsicht ist an der Stelle des Übergangs von Leiterbahn zu Kontaktpad außerdem eine Verjüngung der Leiterbahnbreite zu erkennen. Sowohl der Höhenunterschied von Kontaktpad zu Leiterbahn als auch die Verjüngung sind typische Merkmale eines solchen Druckbildes. Die Tinte kann innerhalb der Phase als nasser Film von der Leiterbahn teilweise in das Kontaktpad abfließen, sodass sich das abgebildete Profil nach der Trocknung zeigt.

Es ist zu erwarten, dass die bei dieser einfachen Teststruktur, einer Leiterbahn mit Kontaktflächen, beobachteten Merkmale im Höhenprofil bei einer komplexeren Struktur wie einer DMS-Volldrücke ebenfalls auftreten. Da die Erfassung eines zweidimensionalen Oberflächenprofils geringer Höhe (< 1 µm) mittels Weißlichtinterferometrie von Teststrukturen mehrerer Quadratzentimeter Fläche sich als sehr herausfordernd darstellt, wird auf ein Glas-Substrat zurückgegriffen, welches eine höhere Ebenheit und Steifigkeit als die bisher in dieser Arbeit verwendete PEN-Folie aufweist. Die verwendete Druckvorlage entspricht Bild 26, wobei eine Druckauflösung von 350 DPI gewählt wird, um der Benetzung der Glasoberfläche Rechnung zu tragen. Das zweidimensionale Höhenprofil einer auf Glas gedruckten und getrockneten DMS-Vollbrücke ist in Bild 62 dargestellt.

Eine quantitative Übertragbarkeit des gemessenen Höhenprofils auf eine auf PEN-Folie gedruckte DMS-Vollbrücke lässt sich nicht ableiten, da durch die geänderte Druckauflösung die Materialdichteverteilung auf dem Substrat verändert wird. Auch ist die bei der Datenauswertung erforderliche Untergrundkorrektur, um die Höhe des Glas-Substrates zu nivellieren, bei der abgebildeten Grundfläche von mehreren Quadratzentimetern mit einer Unsicherheit behaftet. Die absoluten Höhen der Messleiter variieren in der gezeigten Übersichtsaufnahme der gesamten DMS-Vollbrücke in Bild 62 stärker, als dies bei Detailaufnahmen der Messleiter einzelner Widerstandselemente zum Tragen kommt. Die gewählte Darstellung ist trotzdem zu bevorzugen, da hier alle wichtigen Merkmalsausprägungen des Materialtransports in nassen Schichten und die resultierende globale Materialdistribution nach der Trocknung qualitativ klar erkennbar sind.

Bild 62: Profilmessung einer DMS-Vollbrücke mittels Weißlichtinterferometrie

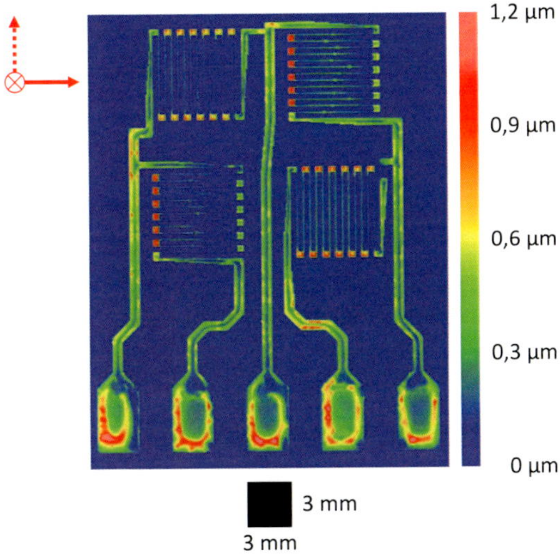

Besonders auffällig in Bild 62 sind die ringförmigen Materialanhäufungen in den fünf Kontaktpads. Sie zeigen das typische Kaffeering Muster. Dieses ist ebenfalls in den Zuleitungen zwischen Kontaktpads und den Messgittern durch die Materialerhöhungen an den Rändern erkennbar. Die geringere maximale Erhöhung kann darauf hindeuten, dass ein Materialtransport entlang der Zuleitungen zu den Kontaktpads stattgefunden hat.

Der in Bild 61 beobachtete Höhenunterschied von Kontaktpads zu dünnen anschließenden Leitern von einem Pixel Breite lässt sich innerhalb der Messgitter von Bild 62 wiedererkennen. Hier ist es der deutlich ausgeprägte Unterschied von Messleitern zu Umkehrleitern, der sich in allen Messgittern zeigt.

Zusätzlich lässt sich für die Widerstandselemente R2 und R4 entlang der Messleiter ein lokales „Ausbeulen" beobachten. Dies tritt beim Inkjet-Druck vermehrt bei dünnen Leitern mit Orientierung in Druckrichtung auf und kann als Indiz interpretiert werden, dass die Druckrichtung einen Einfluss auf die Schichtformation der schmalen Messleiter in der gezeigten Druckgeometrie hat.

Wie bereits beschrieben, kann von einer direkten Übertragbarkeit der gemessenen Profilhöhen auf Grund des abweichenden Substratmaterials und Druckauflösung nicht ausgegangen werden. Eine qualitative Darstellung der durch den Materialtransport in nassen Schichten erwarteten Effekte und ein Einfluss der Druckrichtung kann jedoch treffend identifiziert werden.

Dass die Schwankungen der Schichtdicke einen unmittelbaren Einfluss auf die resultierenden Eigenschaften und die Fertigungsqualität der hergestellten DMS-Messgitter haben, erscheint intuitiv logisch und nachvollziehbar. Doch eine differenzierte Analyse kann die Effekte systematisch einordnen. So wird grundsätzlich die Ausbildung der Schichtmorphologie für schmale Liniensegmente wie den Messleitern und Flächensegmenten wie Leiterbahnen von mehreren Pixeln Breite oder Kontaktpads unterschieden.

Bei den Liniensegmenten ist eine Tendenz zur Ausbildung einer vergleichsweise geringen Schichtdicke zu beobachten. An den Übergangsstellen zu Flächensegmenten kann es zu einer ausgeprägten Verjüngung des Leiterquerschnitts kommen (vgl. Bild 61). Das Design der DMS-Vollbrücke nach Bild 26 berücksichtigt diesen Effekt bereits durch eine abnehmende Leiterbahnbreite der Zuleitungen an den äußeren Messleitern jedes Widerstandselements. Die Variation der Schichtdicke innerhalb eines Messleiters fällt vergleichsweise moderat aus.

Bei den Flächenelementen ist eine Tendenz zur Ausbildung einer größeren Schichtdickenvariation zu beobachten. Dies lässt sich nachvollziehen, denn das Verhältnis der frei beweglichen nassen Materialmenge bezogen auf die Wegstrecke die erforderlich ist, um eine solche Ungleichverteilung hervorzurufen, ist besonders günstig. Dies lässt sich in Bild 62 besonders in den Kontaktflächen und Zuleitungen beobachten. Eine Ausnahme bilden die Umkehrleiter zwischen den Messleitern, denn ihre Grundfläche ist vergleichsweise klein und ein Materialtransport zum nächsten Flächenelement ist durch die schmalen Messleiter unterbrochen, bzw. stehen dem Materialfluss richtungsmäßig entgegen. Die Ungleichverteilung des Materials auf den Kontaktpads mit einer relativ geringen Schichtdicke in der Mitte und eine Anhäufung des Materials an den Randbereichen ist ebenfalls für die Funktion einer elektrisch leitfähigen Kontaktfläche mangelhaft, denn sie werden in der Regel mittig am stärksten durch Kontaktstifte, -federn, Lot oder Klebstoffe belastet. Dafür ist eine gleichmäßige Materialstärke wünschenswert.

Für die Nutzung als elektrischer Leiter oder sensorisches Messgitter ist die gedruckte und getrocknete partikuläre Schicht zu sintern, sodass eine elektrische Leitfähigkeit hergestellt wird. Beim Ofensintern erfolgt die Auslagerung in eine näherungsweise homogen erwärmte Kammer, sodass von einer gleichmäßigen Durchwärmung einer Probe ausgegangen wird. Andere Sinterungsverfahren folgen ihrer jeweiligen Art der Energie-Einkopplung in die Probe. Beim Lasersintern als digitales Nachbehandlungstool stellt sich die Energiedeposition als Funktion dar, die räumlich und zeitlich hohen Temperaturgradienten unterliegen und von optischen Eigenschaften der Probenoberfläche, aber auch von variierenden Wärmeleitungseigenschaften innerhalb der Probe abhängen kann. Eine inhomogene Schichtdickenverteilung kann für die Entwicklung eines Lasersinterungsverfahrens somit große Herausforderungen mitbringen. Gleichwohl bietet ein digitales Verfahren wie das Lasersintern das Potential einer räumlich selektiven und angepassten Nachbehandlung.

Eine homogene Schichtdickenverteilung ist für reproduzierbar ablaufende Sinterungsverfahren wünschenswert, denn so können schichtdickenabhängige

Effekte, wie bspw. eine variable Wärmeleitfähigkeit innerhalb der Schicht, bei der Sinterung reduziert werden.

Somit hat der Materialtransport in nassen Schichten über die Materialverteilung und die Sinterung zur Herstellung spezifischer elektrischer Widerstände eine wesentliche Bedeutung für die elektrischen Eigenschaften. Im Falle der Herstellung von Messgittern für mechanisch-resistive Sensoren wie DMS, spielt die Materialverteilung ebenfalls in das dynamische elektrische Verhalten mit ein und kann das Ansprechverhalten der DMS beeinflussen.

7.2 Mehrlagendruckstrategie

Ein möglicher Lösungsansatz zur Unterdrückung des Materialtransports in nassen partikulären Schichten wie in dem vorherigen Unterkapitel beschrieben, wird im Folgenden motiviert und erläutert. Eine wesentliche Voraussetzung, damit die beschriebenen Mechanismen des Materialtransports global, d.h. über den gesamten Bereich des Druckbildes, ablaufen können, ist die Konfluenz von Einzeltröpfchen, also das Zusammenlaufen und Verbinden zu einem Flüssigkeitsfilm mit einer kontinuierlichen Oberfläche. Der Ansatz lautet daher: Wird die Ausbildung eines globalen Flüssigkeitsfilms und ein Zusammenlaufen der einzelnen Materialtröpfchen unterbunden, so können die Mechanismen des Materialtransports nur lokal innerhalb der deponierten Einzeltröpfchen ablaufen. Ein globaler Materialtransport innerhalb des Druckbildes wäre unterbunden. Da auch für dieses Kapitel die in Kap. 3.2 formulierte Zielsetzung Anwendung finden sollen und sich weder die Materialmenge noch die Materialdichteverteilung durch den Druck verändern soll, wird zur experimentellen Umsetzung eine Mehrlagendruckstrategie entworfen. Diese ist anhand von Bild 63 schematisch erläutert.

Bild 63: Schema Mehrlagendruck Schnittansicht

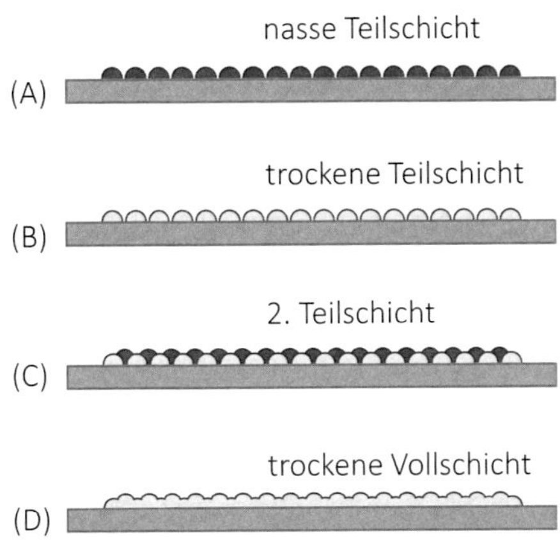

Im ersten Schritt wird eine Teilschicht aufgedruckt, die so ausgelegt ist, dass sich im Druckbild keine Überlagerung und ein Zusammenlaufen benachbarter Materialtröpfchen auf dem Substrat ausbilden kann. Somit bildet sich kein gemeinsamer nasser Film aus, der für den globalen Materialtransport erforderlich ist (vgl. Bild 63 (A)). Die physikalischen Transportmechanismen wie Konvektion sind nicht außer Kraft gesetzt, sondern jeweils auf Einzeltröpfchen eingeschränkt. Im zweiten Schritt wird diese Teilschicht getrocknet (vgl. Bild 63 (B)). Dies ist die Voraussetzung für den dritten Schritt, bei welchem eine zweite Teilschicht aufgedruckt wird, die nun die Lücken und Fehlstellen der ersten Teilschicht verschließen, ohne dass es zu einer nasschemischen Konfluenz mit der ersten Teilschicht kommt (vgl. Bild 63 (C)). Auch die Tröpfchen der zweiten Teilschicht sollen weitgehend voneinander distinkt sein, dass es innerhalb der zweiten Teilschicht nicht zur Ausbildung eines globalen Flüssigkeitsfilms kommt. Die getrockneten Erhebungen der ersten Teilschicht sollen außerdem eine Art Barriere zu bilden, an der sich Partikel der flüssigen zweiten Teilschicht ablagern. Im letzten Schritt erfolgt die Trocknung der zweiten Teilschicht, die das Druckbild vervollständigt (vgl. Bild 63 (D)). Durch die Unterdrückung der Ausbildung eines gemeinsamen Flüssigkeitsfilms, wird ebenso eine fehlende Glättung des Materialfilms in Kauf genommen. Es wird daher erwartet, dass sich ein periodisches Muster im Oberflächenprofil der getrockneten Vollschicht nach Bild 63 (D) ausbildet.

Neben der Schnittansicht in Bild 63, stellt Bild 64 das Schema des Mehrlagendrucks in einer Aufsicht dar. Die Verfahrensschritte (A) bis (D) sind analog zu Bild 63 gewählt. Zur Verbesserung der Übersichtlichkeit in Bild 64 ist der dargestellte Teilausschnitt vergrößert, sodass die Einzeltröpfchen besser erkennbar sind. Das gewählte Muster zur Aufteilung auf die zwei Teilschichten ist ein Schachbrettmuster. Wie die Aufsicht zeigt, sollten Tröpfchengröße und Druckauflösung so eingestellt sein, dass sich die Tröpfchen auf dem Substrat nicht berühren, aber dennoch einander möglichst nahekommen. Sollte diese Forderung nicht ausreichend erfüllt sein, ist ein Verbleib von Löchern in der abschließend getrockneten Vollschicht zu erwarten.

Bild 64: Schema Mehrlagendruck Aufsicht

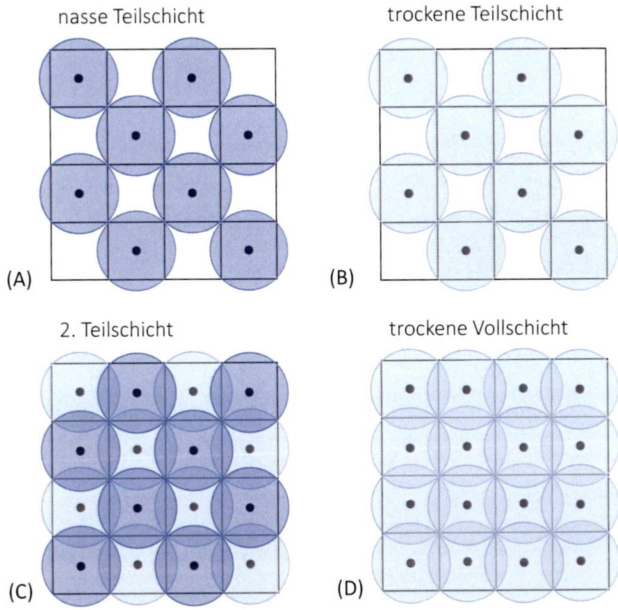

Der Ansatz des hier beschriebenen Mehrlagendrucks für Inkjet-Druckverfahren ist nicht grundsätzlich neuartig. Bereits 1988 patentiert Lin et al. die Anwendung des zweistufigen Drucks auf Basis des in Bild 64 gezeigten Schachbrettmusters für Farbtintenstrahldruck [79] wie in Kap. 2.2.1 beschrieben. Ziel von Lin et al. ist dabei eine Erhöhung der grafischen Abbildungsqualität durch eine reduzierte Farbmischung nasser Farb-Tintentröpfchen.

Das Grundprinzip des mittlerweile ausgelaufenen Patents findet sich auch in Handlungsempfehlungen zur Verbesserung der Druckqualität bei Verwendung von metallischen Funktionstinten für schmale Leiterbahnen oder großflächiger Bereiche wie Kontaktpads [80]. Spiegelt man die dargestellten Handlungsempfehlungen an den in dieser Arbeit definierten Ziele hinsichtlich der Materialmenge und die Materialdichteverteilung als Erhaltungsgröße, so finden diese keinen ersichtlichen Einzug. Die Handlungsempfehlungen verstehen sich eher wie eine Design-Richtlinie für die Auslegung von Leiterstrukturen.

7.2.1 Mehrlagendruck auf Pixel-Gittern

Das Prinzip des Mehrlagendrucks wird anhand von Bild 65 für Pixel-Gitter erklärt und die konkrete Vorgehensweise definiert. Ausgangspunkt ist eine Bilddatei, eine Rastergrafik von 1-Bit Farbtiefe, sodass die Bildzellen entweder schwarz oder weiß gefüllt sind. Entsprechend der Konvention nach Kap. 2.2.2 steht eine 0 für eine weiß gefüllte Zelle und eine 1 für eine schwarz gefüllte Zelle. Das Ausgangsbild kann somit als eine Matrix $\boldsymbol{B}$ mit m Zeilen und n Spalten aufgefasst werden, deren Einträge entweder 0 oder 1 lauten. Es gilt:

$$\boldsymbol{B} = \begin{pmatrix} b_{11} & b_{12} & \cdots & b_{1n} \\ b_{21} & b_{22} & \cdots & b_{2n} \\ \vdots & \vdots & \ddots & \vdots \\ b_{m1} & b_{m2} & \cdots & b_{mn} \end{pmatrix} = \left(b_{ij}\right)_{i=1,\dots,m;j=1,\dots,n}, b_{ij} \in \{0,1\}$$

Für die Zuordnung der Bildinhalte auf mehrere Schichten existiert des Weiteren eine Zuordnungs-Matrix $\boldsymbol{Z}$ gleicher Dimension wie $\boldsymbol{B}$. Die Einträge der Zuordnungs-Matrix $\boldsymbol{Z}$ stellen keinen Bildinhalt dar, sondern sie geben an, welcher Druckschicht eine Bildzelle des Ausgangsbildes $\boldsymbol{B}$ zugeordnet wird. Durch den Mehrlagendruck werden L Schichten erzeugt. Es gilt:

$$\boldsymbol{Z} = \begin{pmatrix} z_{11} & z_{12} & \cdots & z_{1n} \\ z_{21} & z_{22} & \cdots & z_{2n} \\ \vdots & \vdots & \ddots & \vdots \\ z_{m1} & z_{m2} & \cdots & z_{mn} \end{pmatrix} = \left(z_{ij}\right)_{i=1,\dots,m;j=1,\dots,n}, z_{ij} \in \{x \mid x \in \mathbb{N} \wedge x \leq L\}$$

Die zugeordneten Schichtbilder werden ebenfalls in Matrizen $\boldsymbol{B}_l$ gleicher Dimension wie $\boldsymbol{B}$ dargestellt. Es gilt:

$$\boldsymbol{B}_l = \begin{pmatrix} b^l_{11} & b^l_{12} & \cdots & b^l_{1n} \\ b^l_{21} & b^l_{22} & \cdots & b^l_{2n} \\ \vdots & \vdots & \ddots & \vdots \\ b^l_{m1} & b^l_{m2} & \cdots & b^l_{mn} \end{pmatrix} = \left(b^l_{ij}\right)_{i=1,\dots,m;j=1,\dots,n}, b^l_{ij} \in \{0,1\};$$

$$l \in \{x \mid x \in \mathbb{N} \wedge x \leq L\}$$

Der Bildinhalt der Bild-Matrix $\boldsymbol{B}$ wird anhand der Zuordnungs-Matrix $\boldsymbol{Z}$ auf den Bild-Matrizen der unterschiedlichen Schichten $\boldsymbol{B}_l$ zugeordnet und auf sie übertragen. Initial sind dabei die Matrizen $\boldsymbol{B}_l = 0$, d.h. alle Bildpunkte sind weiß, die Bilder oder Schichten sind leer. Die Zuordnung und Übertragung jeder Bildzelle erfolgt einzeln und wird anhand der Zuordnungs-Matrix $\boldsymbol{Z}$ vorgenommen, indem für die i-te Zeile und die j-te Spalte in $\boldsymbol{Z}$ der hinterlegte Wert für die Schicht-Nummer l erhoben wird.

Bild 65: Allgemeine Definition der Druckvorlagen zur Erstellung des Mehrlagendrucks und Schema der Zuordnungsmatrix

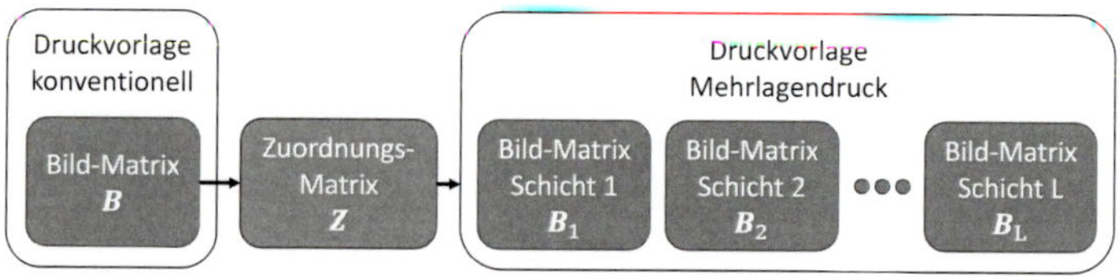

Der Bildinhalt wird dann an die gleiche Position in der Schichtbilder-Matrix mit der Nummer l abgelegt. Auf diese Weise wird jede Bild-Zelle des Ausgangsbildes genau

einmal in eines der Schichtbilder übertragen. Dieses Vorgehen führt dazu, dass keine Bildinformation verloren geht oder verändert wird. Werden die Matrizen der Schichtbilder summiert, erhält man das Ausgangsbild:

$$\sum_{l=1}^{L} \boldsymbol{B}_l = \boldsymbol{B}$$

Damit wird der Forderung nach Erhalt der Materialgesamtmenge und der Materialdichteverteilung Rechnung getragen. In Bild 66 ist die Anwendung der Zuordnungs-Matrix für ein einfaches Beispiel exemplarisch gezeigt. Ein Bild aus 16 Pixeln mit vier Zeilen und vier Spalten wird anhand eines Schachbrett-Musters auf zwei Druckschichten aufgeteilt.

Bild 66: Anwendung der Zuordnungs-Matrix für einen zweilagigen Druck nach Schachbrett-Muster Aufteilung

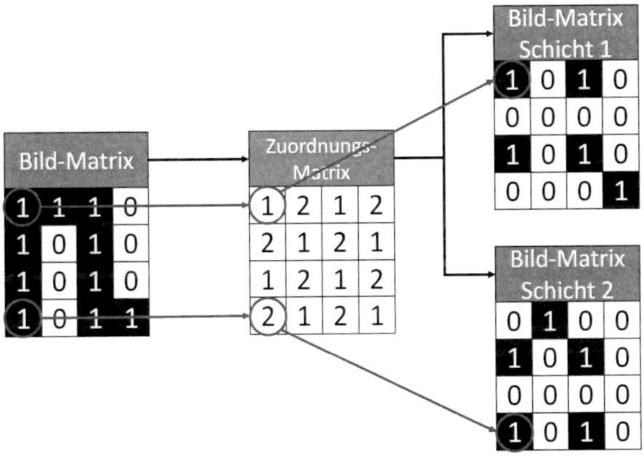

Die Anzahl der gefüllten Pixel beträgt 10. Durch das Schachbrett-Muster verteilen sich diese zu jeweils 5 Pixel auf die beiden Schichten. Eine Überlagerung der beiden Schichtbilder beim Druck, bzw. die Summe der Matrizen führt auf das Ausgangsbild zurück. Dies illustriert den geforderten Erhalt der Bildinformation.

Die Zuordnungs-Matrix $\boldsymbol{Z}$ mit dem Schachbrett-Muster aus dem Bespiel folgt ganz offensichtlich einem regelmäßigen Muster, welches sich als Eintrag der Matrix schreiben lässt als:

$$z_{ij} = [(i + j) \bmod 2] + 1$$

Dieser Term für z_{ij} gibt für die i-te Zeile und die j-te Spalte die Schicht-Nummer l an, in die der Bildinhalt der entsprechenden Zelle aus $\boldsymbol{B}$ nach $\boldsymbol{B}_l$ kopiert wird.

Drei Beispiele unterschiedlicher Zuordnungsvorschriften und ihrer Zuordnungsmatrizen sind in Bild 67 gezeigt. Da auch Beispiele für eine Aufteilung auf vier Druckschichten gezeigt sind, ist der Ausschnitt der sich periodisch wiederholenden Zuordnungsmatrix zu 6 x 6 gewählt. Die Zuordnungs-Matrix in Bild 67 (A) gibt das bereits mehrfach beschriebene Schachbrettmuster wieder. Durch Anpassung von z_{ij} lässt sich die Zuordnungs-Matrix so modifizieren, dass eine Verteilung auf vier Schichten wie in Bild 67 (B) möglich ist. Zwei Aspekte fallen beim Vergleich zwischen (A) und (B) auf: 1. Die Struktur der z_{ij}-Terme ähnelt stark einander. Während bei (B) der Bildinhalt auf Diagonalen aufgeteilt wird, die schichtweise nacheinander und direkt aneinander gedruckt werden, ist dies bei (A) ebenso der Fall. Da hier jedoch nur zwei Schichten gedruckt werden, liegen diese Diagonalen so dicht beieinander, dass die Diagonalen in beiden möglichen Richtungen (von links unten nach rechts oben steigend und von links oben nach rechts unten fallend) gesehen werden können. 2. Der räumliche Abstand zeitlich aufeinander folgender Schichten könnte größer sein, um den Effekt des Mehrlagendrucks zur Unterdrückung des Materialtransports zu erhöhen.

Bild 67: Beispiele für Zuordnungsmatrizen und Berechnungsterm

Zuordnungs-Matrix (A)

1	2	1	2	1	2
2	1	2	1	2	1
1	2	1	2	1	2
2	1	2	1	2	1
1	2	1	2	1	2
2	1	2	1	2	1

z_{ij}-Term (A): $[(i + j) \bmod 2] + 1$

Zuordnungs-Matrix (B)

1	4	3	2	1	4
2	1	4	3	2	1
3	2	1	4	3	2
4	3	2	1	4	3
1	4	3	2	1	4
2	1	4	3	2	1

z_{ij}-Term (B): $[(i + 3j) \bmod 4] + 1$

Zuordnungs-Matrix (C)

1	3	1	3	1	3
4	2	4	2	4	2
1	3	1	3	1	3
4	2	4	2	4	2
1	3	1	3	1	3
4	2	4	2	4	2

z_{ij}-Term (C): $[((i \bmod 2) + 2j + 1) \bmod 4] + 1$

Eine mögliche Alternative für eine verbesserte zeitliche und räumliche Entfernung der Materialtropfen unterschiedlicher Druckschichten für vier Druckschichten ist in Bild 67 (C) dargestellt.

Für die experimentellen Druckversuche der vorliegenden Arbeit in Kap. 7.3 wird ausschließlich die Zuordnungsmatrix mit Schachbrett-Muster nach Bild 66 verwendet. Durch die Anwendung einer Zuordnungsmatrix wie beschrieben ist sichergestellt, dass jeder Bildpunkt des Ausgangsbildes genau einer Bildschicht zugeordnet wird und die Summe aller Bildschichten das Ausgangsbild ergibt. Damit sind die Forderungen nach Erhalt der digitalen Bildinformation, der Gesamtmaterialmenge und der Materialdichteverteilung erfüllt.

7.2.2 Mehrlagendruck auf u-v- und Hexagonal-Gittern

Der vorgestellte Mehrlagendruck zur Unterdrückung des Materialtransports in nassen Schichten lässt sich ebenfalls auf die in den Kapiteln 5 und 6 vorgestellten Gittertypen der u-v-Gitter inkl. der Diagonal-Gitter, sowie auf die Hexagonal-Gitter anwenden. Der Mehrlagendruck dieser Gittertypen wird im Rahmen dieser Arbeit nicht experimentell validiert, jedoch erfolgt der Vollständigkeit halber, eine kurze Darstellung zur Methodik und den Unterschieden zur Anwendung bei Pixel-Gittern. Die Bilddateien der Druckvorlagen von u-v-Gitter und Hexagonal-Gitter weisen sogenannte „verbotene Zellen" auf. Das sind Bildbereiche oder Zellen, die nach den Regeln der zugrunde liegenden Gitter nicht schwarz gefüllt, bzw. mit Bildinformationen für den Druck belegt sein dürfen. In der Druckvorlage müssen diese verbotenen Zellen weiß gefüllt sein.

Für die u-v-Gitter kann die Aufteilung mittels Zuordnungs-Matrix erfolgen, es bedarf nur einer geringen Anpassung: Die gleiche Rotation wie auf die Bilddatei muss auf die Zuordnungs-Matrix angewendet werden.

Bild 68: Zuordnungs-Matrix für Diagonal-Gitter

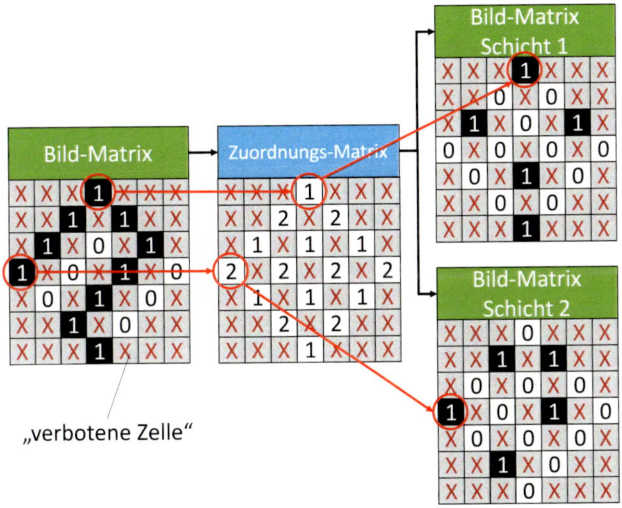

Dies ist in Bild 68 für die in Bild 66 gezeigte Bild-Matrix und eine Rotation mittels Diagonal-Gitter gezeigt. Außerdem sind die „verbotenen Zellen" farblich hervorgehoben und durch ein „X" gekennzeichnet. Dieses Prinzip lässt sich für alle nach Kap. 5.2.3 beschriebenen u-v-Gitter analog anwenden.

Die Hexagonal-Gitter müssen durch ihre Zellgeometrie und die abweichende Anzahl benachbarter Zellen anders behandelt werden. Soll hier ein Mehrlagendruck für einen unterdrückten Materialtransport angewendet werden, so ist eine Nutzung von mindestens drei Schichten erforderlich. Dies liegt an der Zellenanordnung des Hexagonal-Gitters. Sollen direkt benachbarte Zellen des Gitters nicht innerhalb derselben Schicht deponiert werden, ist die Verwendung von mindestens drei Schichten erforderlich, um eine Konfluenz der Tröpfchen zu verhindern.

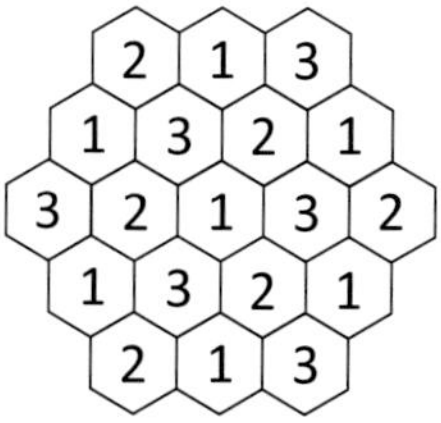

Bild 69: Schema einer Zuordnungs-Matrix für den Mehrlagen-Druck von Hexagonal-Gittern

Dies wird durch das in Bild 69 angegebene Schema einer Zuordnungs-Matrix deutlich. Das Bild zeigt einen Ausschnitt eines vertikalen Hexagonal-Gitters. Wie bei den zuvor gezeigten Zuordnungs-Matrizen sind in die Zellen mit Integer-Zahlen beschriftet, die angeben welcher Schicht-Nummer der Bildinhalt der entsprechenden Zelle zugeordnet wird. Wird die Forderung umgesetzt, dass keine benachbarten Zellen derselben Schicht-Nummer zugeordnet werden dürfen, findet man diese nicht weiter reduzierbare Anordnung für drei Schichten.

7.2.3 Erstellung der Druckvorlagen

Als Testmuster für die experimentelle Untersuchung des Mehrlagendrucks wird die aus Kap. 5 bekannte DMS-Vollbrücke verwendet. Anhand dieser sind die Materialverschiebungen in den Leiterbahnen unterschiedlicher Breite und Anordnung, sowie Kontaktflächen zu beobachten (vgl. Bild 62). Des Weiteren kann bei der Analyse der elektrischen Eigenschaften die Brückenverstimmung als wichtige Kenngröße anwendungstechnisch hoher Relevanz erhoben werden. Zusätzlich kann ein Vergleich mit den in Kap. 5 gewonnenen Ergebnissen gezogen werden, um einem erweiterten Benchmark unterschiedlicher Druckstrategien und deren Einfluss auf die Fertigungsqualität additiv gefertigter DMS-Vollbrücken abzubilden.

Die DMS-Vollbrücke (Bild 26) wird nach der Zuordnungs-Matrix aus Bild 67 (A) bzw. der Zuordnungsvorschrift für ein Schachbrettmuster auf zwei Schichten für den Mehrlagendruck aufgeteilt. Die Druckvorlage ist in Bild 70 dargestellt und zeigt neben den Übersichtsbildern jeweils einen Detailausschnitt des Widerstandselements R4 der die Schachbrett-Muster beider Schichten zeigt.

Bild 70: Druckvorlage für den Mehrlagendruck: DMS-Vollbrücke in zwei Teilschichten

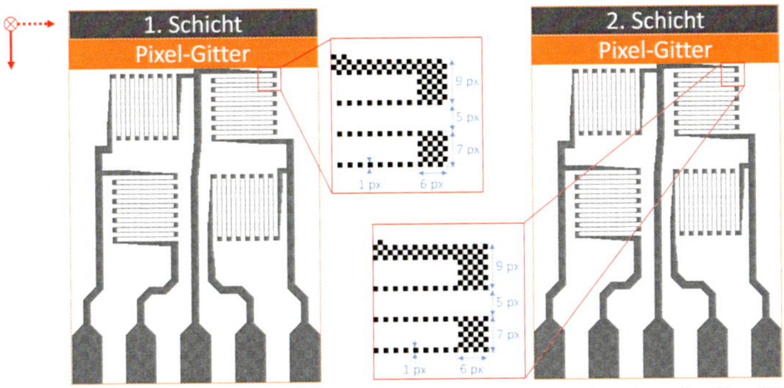

Für den Druck werden wie bei den bisherigen Druckversuchen jeweils $N = 30$ Messgitter (DMS-Vollbrücken) erzeugt. Die Vollbrücken sind wie in Kap. 5.3 zu fünf Zeilen und sechs Spalten auf einer PEN-Folie angeordnet. Die Druckvorlagen wie in Bild 70 gezeigt sowie die Vervielfältigung mit $N = 30$ sind mit detaillierten Angaben in Kap. 10.3 zu finden.

7.3 Experimentelle Untersuchungen

Wie in den vorherigen Kapiteln dargestellt, erfolgt die drucktechnische Umsetzung der Teststruktur auf einer PEN-Folie. Die verwendete Silbertinte, sowie die Druckereinstellungen sind in Kap. 4 beschrieben. Zunächst wird die erste Schicht der $N = 30$ Vollbrücken gedruckt und auf der Substratplatte des Druckers bei 60 °C getrocknet. Die Druckdauer liegt wie beim Druck einer vollen Schicht (vgl. Kap. 5.3.2) bei ca. 110 min. und bei Beendigung des Druckvorgangs der ersten Schicht sind die ersten 50% der gedruckten Strukturen bereits getrocknet. Ohne die Folie dem Drucker zu entnehmen oder die Position zu verändern, wird unmittelbar im Anschluss der Druckvorgang der zweiten Schicht gestartet. Nach dem Druck mit einer erneuten Dauer von ca. 110 min und der abschließenden Trocknung der zweiten Schicht auf der Substratplatte des Druckers für 30 min. erfolgt die Verbringung bei 150 °C für 30 min in einen Heizluftofen zur Sinterung.

Auflichtmikroskopische Aufnahmen der im Mehrlagendruck erzeugten DMS-Vollbrücken sind in Bild 71 (A) und (B) gezeigt. Zum Vergleich sind die gleichen Ausschnitte der im Einlagendruck erstellten Messgitter aus Kap. 5 in Bild 71 (C) und (D) abgebildet. Es wird jeweils ein Ausschnitt der Widerstandselemente R1 und R4 gezeigt. Auf die Darstellung der Widerstandselemente R2 und R3 in Bild 71 wird verzichtet, da R1 und R4 beide Messleiterausrichtungen repräsentieren und die Merkmalsausprägungen vergleichbar zu R2 und R3 sind.

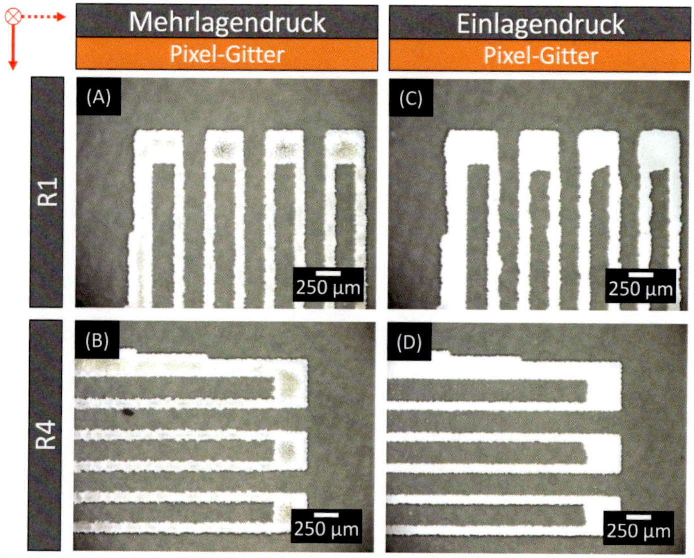

Bild 71: Auflichtmikroskopische Aufnahme von DMS-Vollbrücke auf PEN-Folie mit Mehrlagen-Druck, (A) R_1 (B) R_4

Die Messgitter der im Mehrlagendruck erstellten DMS-Vollbrücke in Bild 71 (A) und (B) zeigen ein gleichmäßiges Druckbild mit einer geringen Ausprägung von Satellitentröpfchen. Ein erster Unterschied betrifft die Oberfläche der gedruckten metallischen Bereiche. Während beim Einlagendruck die metallische Beschichtung hell und homogen bei der Auflichtmikroskopie dargestellt wird, sind entsprechende Bereiche beim Mehrlagendruck vergleichsweise dunkler. Dies zeigt sich insbesondere auf den Umkehrleitern und den breiten Zuleitern. Unter Umgebungslicht erscheinen die Messgitter des Einlagendrucks glänzend, während die Oberfläche der Messgitter des Mehrlagendrucks ein mattes Aussehen zeigt. Die Tendenz einer höheren gerichteten Reflektivität für die im Einlagendruck erzeugte Oberfläche wird erwartet, da durch eine nasse Schicht vieler zusammenlaufender Tröpfchen ein glattes Oberflächenprofil begünstigt ist.

Ein weiteres wichtiges Merkmal zur Unterscheidung ist die Ausbildung der Messleiter. Während auf die Unterschiede der Messleiter von (C) und (D) bereits in Kap. 5 eingegangen wurde, zeigen die Messleiter des Mehrlagendrucks ein anderes Erscheinungsbild. Ihre Konturen verlaufen grundsätzlich geradlinig, nicht so gleichmäßig wie in (D), jedoch gleichmäßiger als in (C). Ihre Breite beträgt für die Widerstandselemente R1 und R4 ca. 100 µm (vgl. Bild 71 (A) und (B)).

Beim Mehrlagendruck zeigt sich entlang Messleiter teilweise ein periodisches Muster von schwachen Ausbeulungen und leicht dunklerer Oberfläche in den mikroskopischen Aufnahmen. Die Periodizität entspricht dem Abstand von zwei Materialtröpfchen, was mit dem schichtweisen Aufbau der Messleiter korrespondiert. Die Variation der Leiterbreite kann durch die Ausbeulungen bei bis zu ±20 µm betragen. Im Vergleich zu den Messleitern der im Einlagendruck hergestellten Vollbrücken Messgittern, fällt die Variation der Leiterbahnbreite jedoch gering aus. Insbesondere beim Vergleich der unterschiedlichen Orientierungen der Messleiter in R1 und R4, zeigt der Mehrlagendruck ein homogeneres Druckbild bezogen auf Leiterbreite bzw. die Formtreue der gedruckten Kontur.

7.3.1 Elektrische Eigenschaften der Vollbrücken

Die Analyse der elektrischen Eigenschaften wird analog zu den vorherigen Kapiteln durchgeführt und die absoluten Widerstandswerte sowie die Brückenverstimmung erhoben.

Die Widerstände der gesinterten Messgitter werden, wie in Kap. 4.3.3 beschrieben, mit einem Digitalmultimeter bestimmt. Für die 30 Vollbrücken aus jeweils vier Messgittern werden die Widerstände nach ihrer Anordnung auf dem Substrat erfasst. Dies ist in Bild 72 dargestellt. Die DMS-Vollbrücken sind in fünf Zeilen und sechs Spalten angeordnet und in der Abbildung als Rechteck mit farblicher Hinterlegung dargestellt. Jedes Rechteck enthält vier Zellen mit einem Zahlenwert, der jeweils den Widerstand eines Elements in Ohm angibt. Der Hintergrund der drei Zeilen ist entsprechend des Zahlenwertes farblich codiert, sodass ein Überblick der räumlichen Widerstandsverteilung über die gesamte Proben-Folie gegeben ist. Defekte Messgitter sind weiß hinterlegt und anstelle eines Zahlenwertes für den Widerstand ist ein „-“ eingetragen.

Bild 72: Elektrische Widerstände gedruckter und gesinterter Vollbrücken (2-lagiger Druck)

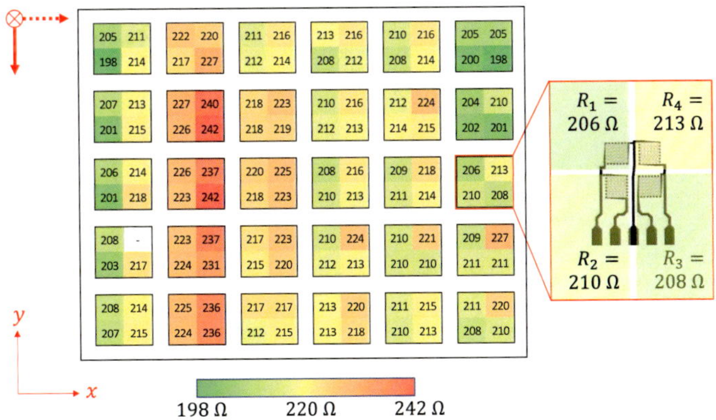

Die statistische Verteilung der Widerstandswerte der DMS-Vollbrücken nach Widerstandselementen aufgeschlüsselt ist in Bild 73 als Boxplot dargestellt. Ebenso ist die Ausbeute und die Verteilung nach Widerstandelementen angegeben. Von den

120 Widerstandselementen ist ein Messgitter defekt was für eine Herstellung ohne Reinraumbedingungen ein niedriger Wert auf erwartetem Niveau ist.

Bild 73: Widerstände DMS-Vollbrücken Mehrlagendruck

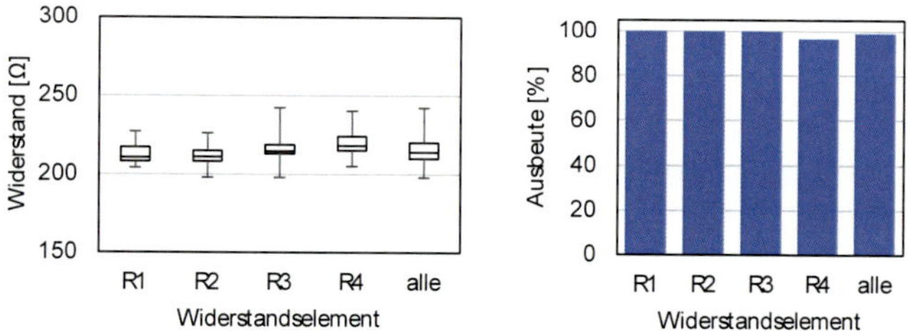

Die gemessenen Widerstandswerte liegen verglichen mit den Werten für den Einlagendruck aus Kap. 5 auf einem niedrigeren Level und auch die Variation der Werte fällt vergleichsweise gering aus.

Diese geringe Variation zeigt sich auch in den ermittelten Werten für die Brückenverstimmung, die in Bild 74 in ihrer räumlichen Verteilung auf dem Substrat dargestellt sind.

Bild 74: Verstimmung gedruckter und gesinterter Vollbrücken (2-lagiger Druck)

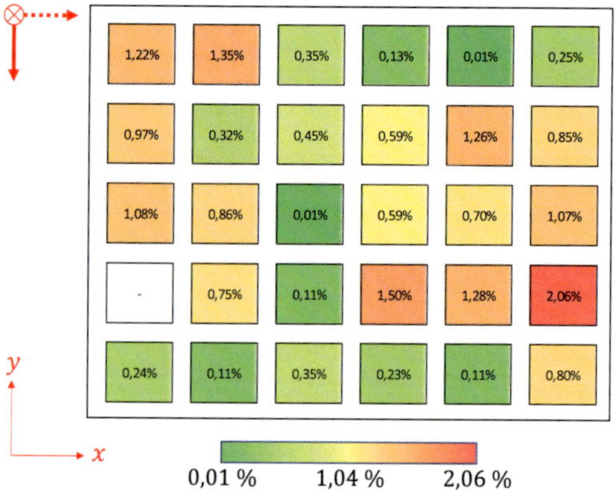

Die statistische Verteilung der Brückenverstimmung ist in Bild 75 als Boxplot gezeigt. Die Verstimmung liegt zwischen 0,01 % und 2,06 % und der Median bei einem Wert von 0,59 %.

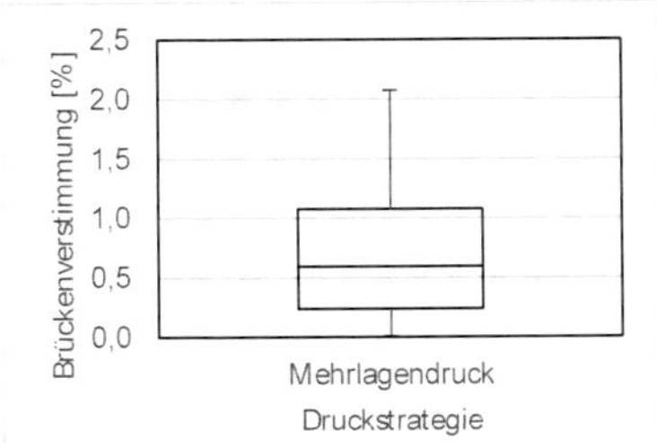

Bild 75: Verstimmung DMS-Vollbrücke Mehrlagendruck

Die Vergleichswerte für die in Kap. 5 hergestellten DMS-Vollbrücken liegen deutlich höher. Wird weder die Messleiterorientierung noch die Schichtformation hinsichtlich Materialtransport berücksichtigt, ergibt sich ein hoher Wert für die Brückenverstimmung bei konventioneller Druckstrategie. Der Wert liegt mit einem Median von 32,37 % in einem Bereich, der für eine messtechnische Nutzung als sensorisches Messgitter einer Wheatstone Brücke ungenügend ist.

Die Nutzung einer verlustfreien Bildrotation um 45° mittels Diagonal-Gitter kann die Brückenverstimmung einer DMS-Vollbrücke bereits deutlich reduzieren. Mit dieser angepassten Druckstrategie lässt sich eine verringerte Brückenverstimmung mit einem Median von 3,03 % erzielen.

Der Mehrlagendruck zur Unterdrückung des Materialtransports in nassen Schichten hat ebenfalls einen messbaren Einfluss auf die elektrischen Eigenschaften der additiv hergestellten DMS-Messgitter und die Verstimmung der untersuchten Geometrie einer Vollbrücke. Mit einem Median von 0,59 % kann in den Untersuchungen eine weitere Reduktion der Brückenverstimmung gezeigt werden.

7.3.2 Schichtmorphologie

Die gemessenen elektrischen Eigenschaften der in diesem Kapitel mittels Mehrlagendruck hergestellten DMS-Vollbrücken legen nahe, dass eine Steigerung der Homogenität der Schichtdicke und Materialverteilung erreicht werden kann. Um einen direkten Rückschluss auf die Schichtdickenverteilung zu erhalten, wird mittels Weißlichtinterferometrie das Oberflächenprofil einer Probe gemessen, die mittels Mehrlagendruck hergestellt wird.

Analog zu der in Bild 62 durchgeführten Messung einer DMS-Vollbrücke auf einem Glassubstrat, wird der in diesem Kapitel beschriebene Mehrlagendruck ebenfalls auf einem Glassubstrat angewendet und mittels Weißlichtinterferometrie vermessen. Wie schon für die Probe in Bild 62 wird die Druckauflösung dafür auf 350 DPI angepasst, um den geänderten Benetzungseigenschaften des Substrats Rechnung zu tragen. Sowohl die erste Teilschicht wie auch ein vollständiger Druck aus zwei Teilschichten, werden gedruckt, getrocknet und anschließend vermessen. Die Ergebnisse der Oberflächenprofile sind in Bild 76 gezeigt. Wie auch bei der Messung in Bild 62 ist zu berücksichtigen, dass die Messung einer Probenstruktur von mehreren Quadratzentimetern Fläche bei Schichtdicken von teils < 1 µm von

Messunsicherheiten begleitet ist, insbesondere was die Untergrundkorrektur betrifft. Abweichungen in der Ebenheit des Substrates und die Nachbehandlung der Daten können zu lokalen Offsets der dargestellten Schichtdicke führen. Eine Interpretation der absolut gemessenen Höhen ist daher nur eingeschränkt möglich. Eine qualitative Beurteilung der Messwerte und Ihrer lokalen Verteilung, auch im Vergleich zu Bild 62 kann durchgeführt werden.

Bild 76: Weißlichtinterferometrie DMS-Vollbrücke nach Mehrlagendruck hergestellt. (A) Erste Teilschicht (B) Vollständiger Druck aus zwei Teilschichten

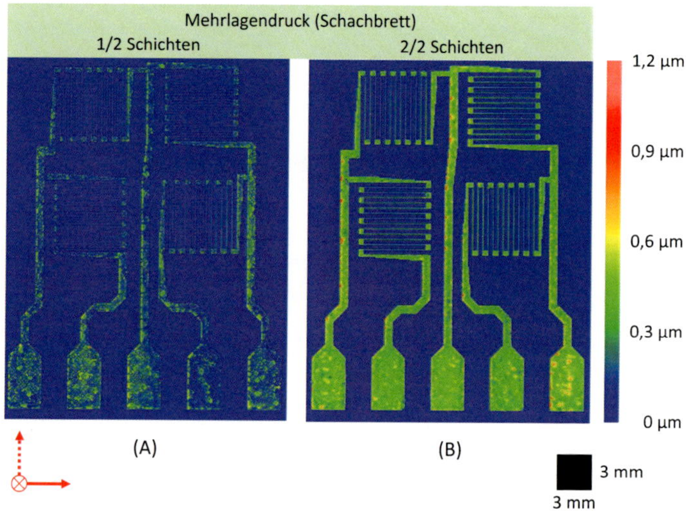

Bild 76 (A) zeigt das Oberflächenprofil der ersten Teilschicht. Es erfolgt nur eine teilweise Benetzung der Oberfläche in der gedruckten Kontur. In lokalen Bereichen kommt es zu geringfügigem Zusammenlaufen benachbarter Materialtröpfchen. Eine vollständige Benetzung und ein gemeinsamer Flüssigkeitsfilm wie es für einen Materialtransport über die gesamte Geometrie des Druckbildes erforderlich wäre, findet nicht statt.

Mit dem vollständigen Druck zweier Teilschichten wie in Bild 76 (B) gezeigt, nimmt im Vergleich zu (A) die gemessene Schichtdicke zu. Die bedruckten Bereiche überlagern sich und bilden eine verbundene Leiterstruktur. Die Materialverteilung ist im Vergleich zu Bild 62 homogener. Merkmale wie ausgeprägte Ringbildung auf den Kontaktpads mit einem mittigen Materialdefizit sind nicht zu beobachten. Ebenso sind Materialanhäufungen an den Umkehrleitern oder den Randbereichen breiter Leider nicht zu erkennen, oder nur schwach und unvollständig ausgeprägt. Die Messungen zeigen, dass sich der Ansatz des Mehrlagendrucks homogenisierend auf die Schichtdickenverteilung auswirkt. Dies korreliert mit den gemessenen elektrischen Eigenschaften und deutet auf eine Steigerung der Fertigungsqualität gedruckter Schichten für elektrische Leiter, wie sie in Dehnungsmessstreifen genutzt werden können.

7.4 Zwischenfazit

In diesem Kapitel wird der Ansatz des Mehrlagendrucks zur Unterdrückung des Materialtransports in nassen Schichten sowie verschiedene Möglichkeiten zur experimentellen Umsetzung aufgezeigt. Damit soll eine Steigerung der Fertigungsqualität gedruckter Leiterbahnen oder komplexer Strukturen wie sie in DMS-Messgittern verwendet werden, erreicht werden.

Anhand der in Kap. 5 eingeführten DMS-Vollbrücke der in Kap. 3.2 beschriebenen Zielsetzung, insbesondere in Bezug auf den Erhalt digitaler Bildinformationen, der gedruckten Materialgesamtmenge sowie der Materialdichteverteilung, erfolgt eine experimentelle Umsetzung des beschriebenen Ansatzes.

DMS-Vollbrücken werden unter Nutzung einer Zuordnungs-Matrix auf Basis eines Schachbrettmusters aufbereitet und mittels Mehrlagendruck in zwei Schichten nacheinander aufgedruckt. Die in der Zielsetzung formulierten Anforderungen werden dabei eingehalten. Die elektrische Charakterisierung ergibt eine Verstimmung zwischen 0,01 % und 2,06 % und einen Median von 0,59 % bei $N = 29$ intakten Vollbrücken.

Die Methoden des Standes von Wissenschaft und Technik können sowohl die in der Zielsetzung beschrieben Anforderungen nicht erfüllen und weisen hohe Werte für die Brückenverstimmung von über 30 % auf. Damit stellt der hier vorgestellte Ansatz des Mehrlagendrucks unter Berücksichtigung des Erhalts digitaler Bildinformationen, der gedruckten Materialgesamtmenge sowie der Materialdichteverteilung eine Verbesserung zum Stand von Wissenschaft und Technik dar.

8 Zusammenfassung und Ausblick

8.1 Zusammenfassung

In der vorliegenden Arbeit wird erstmalig die Fertigungsqualität Inkjet gedruckter DMS-Messgitter unter Berücksichtigung von bis zu drei unterschiedlichen Gitterorientierungen untersucht. Die übergeordnete Zielsetzung besteht in der Entwicklung eines angepassten Druckverfahrens zur Steigerung der Fertigungsqualität. Eine zentrale Herausforderung besteht in der Datenaufbereitung der Druckvorlagen, welche verlustfrei umgesetzt werden soll, um die digitalen Bildinformationen zu erhalten. Dies ist verknüpft mit dem Erhalt der deponierten Materialdichteverteilung, ein wichtiges Erfordernis, um die Erkenntnisse auf weitere Werkstoffe übertragen zu können und universell anwendbare Lösungen zur Verbesserung der Fertigungsqualität Inkjet gedruckter Messgitter und Leiter darzustellen. Die auf Basis des aktuellen Standes von Wissenschaft und Technik und der Zielsetzung formulierten Forschungsfragen werden in dieser Zusammenfassung beantwortet.

8.1.1 Ergebnisse Druck DMS-Vollbrücken

Am Beispiel einer DMS-Vollbrücke mit Messgittern zweier senkrechter Orientierungen wird die Druckverfahrensentwicklung ausgeführt und die elektrischen Eigenschaften über die Verstimmung der Wheatstoneschen Brücken quantitativ gebenchmarkt. Als Referenz werden N=30 Vollbrücken gedruckt und nach einer thermischen Sinterung die elektrischen Eigenschaften (genauer: die Brückenverstimmung) analysiert. Mit einem Median von 32,37 % liegt die Verstimmung in einem nach dem Stand von Wissenschaft und Technik erwarteten Bereich für die Variation der elektrischen Widerstände Inkjet gedruckter Leiterbahnen und Messgitter, wie sie bei DMS üblich sind. Über einen Boxplot wird die statistische Verteilung der erzielten Verstimmung der Referenz in Bild 77 (links) dargestellt.

Die Beantwortung der **Forschungsfrage 1a** kann aus den Ergebnissen des Kapitels 5 abgeleitet werde. Um den Einfluss der Druckrichtung in Verbindung mit der Orientierung der Messleiter auf die elektrischen Eigenschaften zu kompensieren, wird das Konzept der u-v-Rotationsgitter neu eingeführt und definiert. Sie ermöglichen die verlustfreie Bildrotation der Rastergrafiken von Druckvorlagen für Inkjet-Druck. Ein Spezialtyp der u-v-Rotationsgitter, das sog. Diagonal-Gitter für eine Bildrotation von 45° wird exemplarisch für die experimentelle Validierung herangezogen. Die Ergebnisse liefern eine Antwort für **Forschungsfrage 1b**: Mit einem Median von 3,03 % Brückenverstimmung kann eine Verbesserung um eine Größenordnung erzielt werden. Ein entsprechender Boxplot für die Lösungsstrategie durch Bildrotation von 45° ist in Bild 77 (mittig) enthalten.

Ein weiterer Ansatz zur Verbesserung der Fertigungsqualität besteht im Mehrlagendruck zur Unterdrückung des Materialtransports in nassen Schichten. Das Prinzip durch eine Teilschicht den für den Materialtransport erforderlichen Film zu unterbrechen und nach einem Trocknungsschritt das Druckbild zu ergänzen wird in unterschiedlicher Ausprägung im Stand von Wissenschaft und Technik genutzt. In dieser Arbeit erfolgt erstmalig eine mathematische Beschreibung zur Erzeugung der Teilschichten mit Hilfe einer Zuordnungs-Matrix. Auf diese Weise wird sichergestellt, dass die Materialdichteverteilung eine Erhaltungsgröße darstellt. Die Aufteilung auf zwei Teilschichten nach einem Schachbrettmuster wird für die experimentelle Validierung ausgewählt. Es erfolgt die Beantwortung der **Forschungsfragen 3a** und ebenso **1b**, denn mittels Mehrlagendruck wird eine weitere Verringerung der Brückenverstimmung beobachtet. Mit einem Median von 1,04 % kann die Brückenverstimmung gegenüber der Lösungsstrategie durch Bildrotation von 45° nochmals reduziert werden. Ein entsprechender Boxplot für die statistische Verteilung der erzielten Verstimmung ist in Bild 77 (rechts) dargestellt.

Bild 77: Zusammenfassung der Brücken-verstimmung von Referenz, 45° Rotation und Mehrlagendruck

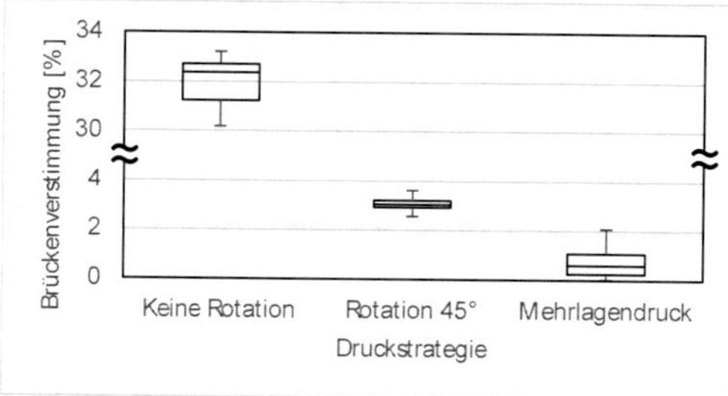

Ein weiterer Indikator für eine verbesserte Fertigungsqualität und inwieweit der Materialtransport in nassen Schichten unterdrückt werden kann (**Forschungsfrage 3b**), ist das Höhenprofil des aufgedruckten Materials. Während die elektrischen Eigenschaften in erster Linie durch die Messleiter innerhalb der Messgitter bestimmt werden, wirkt sich der Mehrlagendruck ebenfalls deutlich auf die Umkehr- und Zuleiter, sowie die Kontaktflächen aus. Auf diesen flächenhaften Druckbereichen werden beim konventionellen Druck unterschiedliche Ausprägungen der Materialverschiebungen beobachtet, wie in Bild 78 (A) erkennbar ist. Umkehrleiter zeigen eine zentrierte Materialüberhöhung und Zuleiter im Profil einen Doppelhöcker mit Materialverarmung im Zentrum. Die Kontaktflächen zeigen ebenfalls zentral eine Materialverarmung und eine näherungsweise kreisförmige Materialüberhöhung zu den Randbereichen, welche in Richtung der Zuleiter aufgebrochen wird. Entlang der Messleiter in Druckrichtung (horizontale Ausrichtung) kommt es zu lokalen Verdickungen, die auf Schwierigkeiten mit der Benetzung hindeuten. Dies ist ein unter dem englischsprachigen Begriff „bulging" bekannter Effekt. Änderungen der Höhe entlang des Oberflächenprofils verlaufen kontinuierlich, was einer glatten Oberfläche mit glänzendem Erscheinungsbild bei der optischen Betrachtung entspricht.

Bild 78: Weißlichtinterferometrie DMS-Vollbrücke (A) Einlagendruck (B) Mehrlagendruck

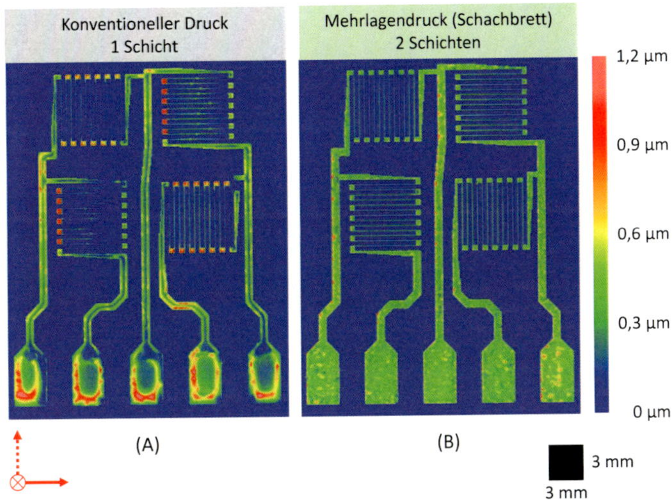

Im Gegensatz dazu ist der optische Eindruck der im Mehrlagendruck erzeugten Messgitter eher matt. Die Messung der Oberflächenkontur (vgl. Bild 78 (B)) deutet auf eine höhere Rauheit hin. Dies wird entsprechend erwartet, denn die Unterbrechung der Ausbildung eines kontinuierlichen Flüssigkeitsfilms ist ein zentraler Aspekt des Lösungsansatzes zur Unterbindung des Materialtransports. Die für den konventionellen Druck beschriebene Schichtformation an den Umkehr- und Zuleitern, sowie den Kontaktflächen werden beim Mehrlagendruck nicht beobachtet. Vereinzelte Materialerhöhungen treten auf, jedoch mit verminderter Häufigkeit und Amplitude.

8.1.2 Ergebnisse Druck DMS-Rosetten

Am Beispiel von DMS-Rosetten wird die Druckverfahrensentwicklung für DMS-Messgitter dreier unterschiedlicher Orientierungen der Messleiter ausgeführt. Die DMS-Rosette soll aus drei identischen Messgittern inkl. Kontaktpads bestehen, die in unterschiedlichen Richtungen orientiert sind. Unter den Forderungen nach Erhalt der Materialdichteverteilung und damit auch der Gesamtmaterialmenge kann nach dem Stand von Wissenschaft und Technik keine Druckvorlage erstellt werden. Kommen gängige Bildverarbeitungsalgorithmen zur Bildrotation zum Einsatz, werden die o.g. Forderungen verletzt. Derart erzeugte Druckvorlagen mit abweichender Materialdichteverteilung führen beim Druck zu Fehlerraten von 90 %, sodass diese sich nicht für eine Auswertung zur Bildung eines Referenzwertes herangezogen werden. Für die Ergebnisse der erreichbaren elektrischen Verstimmung der DMS-Rosetten nach Bild 79 ist daher kein Referenz-Wert angegeben.

Bild 79:
Verstimmung DMS-Rosetten

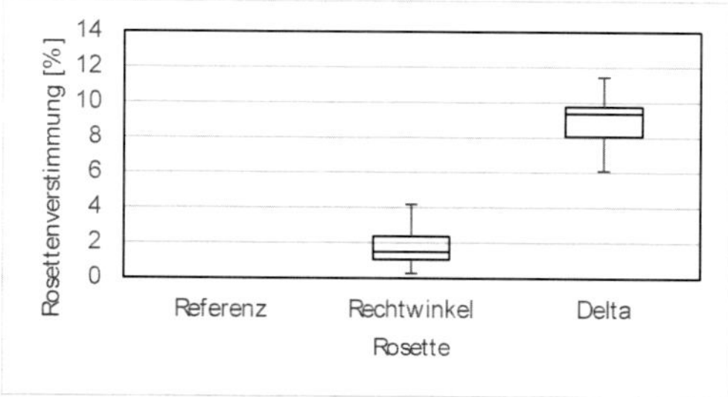

Inwieweit sich Schichten homogener elektrischer Eigenschaften für die Erstellung von DMS-Rechtwinkel-Rosetten (**Forschungsfrage 2a**) und DMS-Delta-Rosetten (**Forschungsfrage 2b**) erzeugen lassen, wird im Folgenden beantwortet. Durch die Anwendung der u-v-Rotationsgitter, bzw. Diagonal-Gitter in Kombination mit konventionellen Pixel-Gittern kann eine Druckvorlage zur drucktechnischen Erzeugung einer Rechtwinkel-Rosette erstellt werden, die die Forderungen hinsichtlich der Materialdichteverteilung erfüllt. Der Druck erfolgt in zwei Schichten, die in der Nutzung zweiter Gittertypen unterschiedlicher Druckauflösung bedingt sind. Die erzielte Verstimmung der Rechtwinkel-Rosetten (Gitterorientierung: 0°, 45°, 90°) beträgt 1,50 % (Median).

Zusätzlich wird ein neuer Gitter-Typ auf Basis hexagonaler Zellen definiert. Mit diesem Gitter-Typ ist es möglich, folgende Anforderungen für den Druck von DMS-Rosetten gemeinsam zu erfüllen:

1. Messleiter dreier Orientierungen mit einem Winkelversatz von 60°-Schritten können gedruckt werden (z.B. 0°, 60°, 120°).

2. Entlang der Messleiter ist eine äquidistante Verteilung der Materialtröpfchen möglich, sodass die Materialverteilung für alle möglichen Orientierungen identisch und gleichmäßig ist.

3. Die Messleiter sind senkrecht oder unter einem Winkel ≠0° zur Druckrichtung orientiert.

4. Der Druck kann in einer einzigen Schicht ausgeführt werden.

Damit lassen sich erstmals DMS-Delta-Rosetten mittels Inkjet-Drucks in einer Druckschicht herstellen, dessen einzelne Messgitter mit identischer Materialdichteverteilung ausgelegt sind. Die erzielte Verstimmung der Delta-Rosetten (Gitterorientierung: 0°, 60°, 120°) beträgt 9,37 % (Median).

8.1.3 Fazit

Innerhalb des Lebenszyklus von Dehnungsmessstreifen treten Einschränkungen und Herausforderungen auf, die einen umfassenden Einsatz dieser Sensoren zur Erhebung mechanischer Messwerte auf technischer oder wirtschaftlicher Ebene erschweren oder gar verhindern. Konventionell hergestellte Folien-DMS erfordern eine aufwändige und fehleranfällige Applizierung auf dem Bauteil. Bislang additiv gefertigte DMS oder DMS-Messgitter nutzen nicht inline-fähige Herstellungsverfahren (z.B. Vakuumtechnik) oder leiden unter unzureichender Fertigungsqualität und einer hohen Verstimmung der sensorischen Messgitter.

In der vorliegenden Arbeit werden Lösungen aufgezeigt und experimentell validiert, die die Grenzen bei der additiven Herstellung von metallischen DMS-Messgittern bzgl. der Fertigungsqualität verschieben können. Im Vergleich zu bislang Inkjet-gedruckten DMS-Messgittern ist ihre Komplexität in dieser Arbeit erhöht, um Messgitter-Geometrien mit einer hohen anwendungsspezifischen Relevanz herzustellen. Zum einen werden Messgitter von DMS-Vollbrücken mit senkrechter Gitterorientierung für eine verbesserte Temperaturkompensation hergestellt. Zum anderen erfordert die Messung zweiachsiger Spannungszustände mit unbekannten Hauptrichtungen den Einsatz von DMS-Rosetten (z.B. Rechtwinkel- oder Delta-Rosette) mit drei unterschiedlichen Messgitterorientierungen. Diese DMS-Messgittertypen sind bei konventionell hergestellten Folien-DMS üblich, bergen für die additive Fertigung mittels Inkjet-Drucks jedoch große Herausforderungen, die sich in einer hohen Verstimmung bis zu einem Totalausfall der Messgitter zeigen.

Die in dieser Arbeit entwickelten Methoden zur Steigerung der Fertigungsqualität von Inkjet-gedruckten DMS-Messgittern mit mehreren Orientierungen basieren auf folgenden neuartigen Lösungskonzepten:

- u-v-Rotationsgitter für die verlustfreie Bildtransformation von Druckvorlagen.
- Zuordnungsmatrizen für den Erhalt digitaler Bildinformationen beim Mehrlagendruck.
- Hexagonal-Gitter zur Erweiterung der Freiheitsgrade bei der Auslegung von Messgittern durch Erhöhung der rotatorischen Symmetrieachsen.

Durch die Anwendung der Mehrlagendruck-Strategie kann eine Reduktion der Verstimmung von über 32 % auf nahezu 1 % für die Messgitter von DMS-Vollbrücken erreicht werden. Dieser Wert liegt damit erstmalig in der gleichen Größenordnung konventionell gefertigter Folien-DMS. Für solche Messgitter wird damit eine Nutzung für Beanspruchungsanalysen und Verformungsmessungen erstmals möglich. Dies gilt ebenfalls für DMS-Rosetten unter Nutzung der u-v-Rotationsgitter zur Erstellung von Rechtwinkel-Rosetten. Die erzielten 1,5 % Verstimmung liegen ebenfalls in der Größenordnung konventionell gefertigter Folien-DMS. Durch eine zusätzliche Achse der Messgitterorientierung lassen sich auch komplexere Spannungszustände erfassen.

Als abschließendes Fazit können drei wesentliche Resultate dieser Arbeit konstatiert werden, die ein Delta zum Stand von Wissenschaft und Technik darstellen. Sie markieren eine Verbesserung im Sinne der Fertigungsqualität Inkjet-gedruckter metallischer Messgitter:

1. Am Beispiel von DMS-Vollbrücken mit zwei Messgitter-Orientierungen wird eine **Reduktion der elektrischen Verstimmung um eine Größenordnung von 32,37 % auf 1,04 % gezeigt**.

2. Der für Schichtdickenschwankungen ursächliche **Materialtransport in nassen Schichten wird qualitativ reduziert**.

3. Anhand von DMS-Rosetten wird **erstmals** der Inkjet-Druck unter Berücksichtigung von **drei Orientierungen für DMS-Messgitter** gezeigt und **ein Benchmark aufgestellt**. Dieser beträgt 9,37 % für Delta-Rosetten und 1,50 % für Rechtwinkel-Rosetten.

8.2 Ausblick

Zur weiteren Validierung ist eine Analyse und Bewertung der sensorischen und mechano-resistiven Eigenschaften wünschenswert. Da die in dieser Arbeit verwendeten Methoden darauf abzielen, die einzelnen Widerstandselemente und ihre Auswirkungen auf die Brückenverstimmung zu analysieren, werden das Design des Druckmusters und das Substratmaterial entsprechend gewählt, um störende Randbedingungen zu reduzieren. Um das Verhalten unter Belastung und den Einfluss der hier vorgestellten Methoden zu bestimmen, sind weitere Untersuchungen mit angepassten Druckmustern erforderlich, um störende Einflüsse (z.B. zusätzliche externe Verdrahtung) zu reduzieren. Solche Gittermuster, die gleichzeitig die Widerstandselemente kreisförmig miteinander verbinden, erlauben keine Analyse der einzelnen Widerstandselemente. Darüber hinaus muss die Wahl der verwendeten Materialien auf die zusätzlich erforderlichen Schichten, wie Kleber und Schutzschichten zur Abdeckung, abgestimmt werden, da diese die Messergebnisse erheblich beeinflussen können. Da sich die hierfür erforderliche Systematik und der Versuchsaufbau deutlich von der Methodik dieser Arbeit unterscheiden und eine Vielzahl von Charakterisierungen durchgeführt werden sollten, wird dies im Rahmen dieser Arbeit nicht behandelt.

Um ein grundlegendes Verständnis des Einflusses dieses Ansatzes auf die Schichtbildung zu erlangen, sind weitere Untersuchungen notwendig. Die Wahl des Substratmaterials sowie die Größe und Komplexität der gedruckten Struktur erlauben keine robuste Analyse der Schichtmorphologie im Rahmen der durchgeführten Arbeit. Verformungen des Substrats durch thermische Einflüsse können aufgrund der Größe der Teststruktur nicht vollständig kompensiert werden und verbleibende systematische Fehler können zu ungenauen Interpretationen führen. Daher sind weitere Untersuchungen mit einem angepassten Versuchsaufbau und reduzierten Druckmustern erforderlich, um die Schichtbildung entlang der schmalen Messleiter detailliert bewerten zu können.

Durch die Anwendung der hier vorgestellten und validierten neuen Methode wird eine deutliche Steigerung der Fertigungsqualität von DMS für die Inkjet-Drucktechnik erwartet. Die Validierung für verschiedene Materialien und Kombinationen von Tinten und Substraten muss noch durchgeführt werden. Auch die Mechanismen der Schichtbildung komplexer Strukturen wie DMS müssen weiter erforscht werden. Dazu sind neben den Daten aus Profilmessungen der Oberfläche gedruckter Partikelschichten auch volumetrische Tiefeninformationen erforderlich. Diese volumetrischen Daten können zu einem Modell zur Simulation der erreichbaren elektrischen Eigenschaften beitragen, damit neue Erkenntnisse über den Einfluss und die Wirkungsweise der Materialabscheidung, aber auch der Sinterung bei unterschiedlichen Zeit- und Temperaturgradienten gewonnen werden können.

Zusätzlich ist ein vertieftes Verständnis zur Ausbildung der elektrischen Leitfähigkeit gedruckter Schichten aus metallischen Nanopartikeln erforderlich. Welchen Einfluss die Porosität der gesinterten Schichten auf die elektrischen Eigenschaften hat und welche Rolle die Grenzflächen der Nanopartikel nach der Sinterung spielen, ist bislang nur unzureichend erforscht.

Die ausgearbeiteten und validierten Lösungen zur Erhöhung der Fertigungsqualität metallischer Messgitter stellen in mehrfacher Hinsicht einen Gewinn dar. In erster Linie leisten die Ergebnisse einen wichtigen Beitrag für das Additive Manufacturing von bauteilverbundener Sensorik (DMS), da durch reduzierte Verstimmungen der Messbrücken die Fertigungstoleranzen abnehmen und die Leistungsfähigkeit zunimmt. Unterschiedliche Prototypen für das Additive Manufacturing mit Multi-Material-Systemen zur Herstellung bauteilverbundener DMS sind in Bild 80 zusammengefasst und geben einen Ausblick auf mögliche zukünftige Entwicklungen.

Bild 80:(A) Additiv gefertige DMS auf Metallbauteil; (B) Additiv gefertige DMS und Telemetrie auf Metallbauteil; (C) Additiv gefertige DMS zur Integration in L-PBF-gefertigtes Metallbauteil; (D) Additiv gefertige DMS und Telemetrie auf L-PBF-gefertigtem Metallbauteil

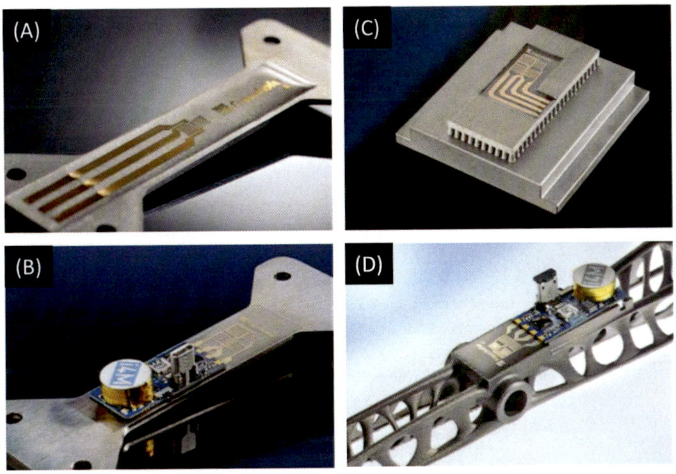

Die additive Herstellung von DMS inkl. Anschlussleiterbahnen kann auf konventionellen Metallsubstraten (Bild 80 (A)) oder in Kombination mit L-PBF-Fertigung (Bild 80 (C)) erfolgen. Ein darüber hinaus gesteigerter Integrationsgrad und der Verzicht auf Anschlusslitzen kann durch die Einbringung eines energieautarken Telemetrie-Systems auf dem Bauteil umgesetzt werden Ein solches akkugepuffertes Telemetrie-System inkl. Messverstärker der Fa. *I4M technologies GmbH* ist für eine aufgedruckte DMS-Vollbrücke ausgelegt. Es wird auf einem konventionellen Metallbauteil (Bild 80 (B)) und einem L-PBF gefertigten Bauteil (Bild 80 (D)) verwendet. Eine besondere Herausforderung stellt dabei die additive Herstellung einer Isolationsschicht zwischen metallischem Bauteil und Messgitter dar, da diese eine Vielzahl von Eigenschaften erfüllen muss, um die gewünschte sensorische Charakteristik zu erfüllen. So sind beispielsweise folgende Anforderungen für das additive Herstellungsverfahren abzudecken:

1. Herstellbarkeit in reproduzierbarer homogener Schichtdicke von < 50 µm
2. Haftfestigkeit der Isolation auf dem Substrat
3. Reproduzierbare und homogene Benetzungseigenschaften für die Aufbringung eines Messgitters (inkl. Haftfestigkeit des Messgitters)

Folgende Anforderungen für die sensorischen Eigenschaften sind abzudecken:

1. Elektrischer Isolationswiderstand von > 1 GΩ
2. Kriech- und hysteresefreie Kraftübertragung vom Bauteil auf das Messgitter
3. Geringe Temperaturabhängigkeit der mechanischen und elektrischen Eigenschaften

Die entwickelten Lösungsstrategien können grundsätzlich auf weitere Werkstoffe und Anwendungen übertragen werden. Die Leistungsfähigkeit ist dabei für weitere Werkstoffkombinationen aus Tinte und Substrat zu ermitteln. Der für DMS aufgrund seiner thermischen Eigenschaften relevante Messgitter-Werkstoff Konstantan kann ebenfalls über Inkjet-Druck digital deponiert werden. In Vorversuchen mit einer kommerziellen Konstantan-Tinte der Fa. *Applied Nanotech, Inc.* wird aufgrund des enthaltenen Lösungsmittels Benzyl-Alkohol ein ausgeprägter Materialtransport in nassen Schichten beobachtet, sodass die Anwendung der entwickelten Lösungsstrategien als vielversprechend anzusehen ist

Weiterhin ist eine Übertragung auf alle Arten von Inkjet-gedruckten leitfähigen metallischen Strukturen wie Leiterbahnen oder Antennen zu prüfen, bei denen eine homogene Schichtdickenverteilung die resultierenden Eigenschaften positiv beeinflusst. Dies ist nicht auf leitfähige nanopartikuläre Metalltinten beschränkt, sondern ebenfalls für partikelfreie Tinten zu evaluieren.

Damit kann abschließend gesagt werden, dass die in dieser Arbeit entwickelten Methoden zur Qualitätssteigerung zukünftig vielfältige technologische

Verbesserungen in der additiven Fertigung ermöglichen. Der datengestützte methodische Ansatz verspricht eine einfache Integration in bestehende und neue digitale Prozessketten mit kurzen Innovationszyklen. Bei einer erfolgreichen Weiterentwicklung und Übertragung auf weitere Anwendungsbereiche wie der gedruckten Elektronik wird ein enormes wirtschaftliches Potential erwartet.

9 Abkürzungsverzeichnis

Abkürzungen

AM	Additive Manufacturing
CAD	Computer-Aided Design
CIJ	Continuous Inkjet
DMS	Dehnungsmessstreifen
DoD	Drop-on-demand
DPI	Dots per Inch
hx	Hexel
IPL	Intense Pulsed Light Sintering
PE	Printed Electronics
PEN	Polyethylennaphthalat
PET	Polyethylenterephthalat
PI	Polyimid
px	Pixel
PVD	Physical Vapour Deposition
TGME	Tri-Ethylenglykolmonomethylether
USD	US-Dollar
WB	Wheatstonesche Brückenschaltung

Kennzahlen und Variablen

A	Querschnittsfläche
a	Abstand benachbarter Zellenmittelpunkte
α	Rotationswinkel
$\boldsymbol{B}$	Bildmatrix
d	Gitterkonstante
E	E-Modul
ε	Dehnung
k	Dehnungsempfindlichkeit
L	Länge
λ	Auflösungsanpassungsfaktor
N	Anzahl der Teststrukturen
R	Elektrischer Widerstand
ϱ	Spezifischer elektrischer Widerstand
σ	Spannung
U_{B}	Brückenspannung

U_{M}	Messspannung
ν	Querkontraktionszahl (kurz: Querzahl)
V_{D}	Verstimmung DMS-Rosette
v_{T}	Geschwindigkeit der Tintentröpfchen
$\boldsymbol{Z}$	Zuordnungsmatrix

10 Anhang

10.1 Kaltklebeverfahren

Hier sind die Schritte des Kaltklebeverfahrens ausführlicher beschrieben.

Schritt 0 - Vorbereitung des Folien-DMS: Die Vorbereitung des DMS sollte in einem sauberen Umfeld z.B. eines Labors erfolgen, sodass der DMS am Mess- oder Installationsort einem Aufbewahrungsbehälter entnommen und auf dem Messobjekt fixiert werden kann. Die Arbeiten sollten unter Verwendung einer Pinzette durchgeführt werden, da alle Oberflächen für die weitere Installation absolut fettfrei sein müssen. Als Installationshilfe empfiehlt sich die Anbringung eines Klebebands quer über den DMS, der eine Kante des DMS um ca. 15 mm überragt, die gegenüberliegende Kante jedoch freilässt. Das überstehende Klebeband kann bei der späteren Positionierung als Scharnier fungieren und die Installation vereinfachen. Falls ein DMS ohne integrierte Anschlusskabel genutzt wird, sollten Lötstützpunkte auf Folienträger zwischen die Basisfolie des Folien-DMS und die Anschlussbändchen eingeschoben werden. Nach einer Kürzung der Anschlussbändchen auf Höhe der Lötstützpunkte werden DMS und Lötstützpunkte mit einem Klebeband derart verbunden, dass die Lötstellen vollständig überdeckt sind, die Trägerfolie jedoch nicht.

Schritt 1 - Aufrauen der gereinigten und entfetteten Messstelle: Fremdstoffe, die die Integrität der Klebschicht beeinträchtigen, können sind sorgfältig zu entfernen und eine Aufrauhung der Oberfläche mittels Schleifpapier (Typischerweise dafür infrage kommende Körnungen überdecken einen zwischen 80 und 360 liegenden Bereich.) hat sich zur Einstellung der Oberflächeneigenschaften bewährt. Da die niederviskosen Cyanoacrylate nur bei geringen Schichtdicken vollständig aushärten, eignen sie sich weder als Füllstoff zur Glättung von Unebenheiten noch für den Einsatz auf porösen Oberflächen wie Keramik oder Beton.

Schritt 2 - Sorgfältige Endreinigung: Abrieb, der bei der Oberflächenbehandlung mittels Schleifpapiers entsteht, ist sorgfältig von der Oberfläche zu entfernen, da Fremdstoffe zu einem Versagen der Klebeschicht führen können.

Schritt 3 - Anzeichnen der vorgesehenen DMS-Position: Der Folien-DMS klebt sofort bei Kontakt mit Cyanoacrylaten unverrückbar fest, sodass ein Ausrichten nach dem Aufdrücken nicht mehr möglich ist. Daher ist eine möglichst präzise Positionierung über das Anzeichnen von Ausrichtungsmarkierungen vorzubereiten. Markierungen werden üblicherweise mit einem harten und spitzen Hilfsmittel wie einer Reißnadel in die Oberfläche geritzt. Die Erfahrung und das handwerkliche

Geschick sind dabei wesentliche Einflussfaktoren auf die erreichbare Positioniergenauigkeit.

Schritt 4 - Positionieren des vorbereiteten DMS: Der nach Schritt 0 vorbereitete Folien-DMS wird auf dem Bauteil entsprechend den Markierungen aus Schritt 3 positioniert und kann mittels des Klebestreifens scharnierartig weggeklappt werden, sodass die Klebefläche frei zugänglich wird, ohne die Positionierung des Folien-DMS auf dem Bauteil zu verlieren.

Schritt 5 - Auftragen des Cyanoacrylatklebers: Der dünnflüssige Klebstoff wird nach Erfahrung des Anwenders aufgetragen und dabei händisch dosiert. Die Klebstoffmenge muss ausreichend sein, um die Klebestelle vollständig zu benetzen, da die Klebstoffschicht jedoch nur bei Dicken unter 10 µm zuverlässig aushärtet, sollte nicht übermäßig viel Klebstoff aufgetragen werden.

Schritt 6 - Verteilen des Klebers zu einer dünnen Schicht mittels Teflonstreifen: Die für die Vernetzung erforderliche maximale Klebstoffschichtdicke von ca. 10 µm wird durch manuelles Verteilen des aufgetragenen Klebers unter Verwendung eines Teflonstreifens sichergestellt. Anpressdruck sowie Orientierung, Bewegungsrichtung und –Geschwindigkeit des Teflonstreifens obliegt der Anwendererfahrung. Der Anwender muss eine vollständige Benetzung der Klebestelle gewährleisten frei von Luftblaseneinschlüssen oder Verunreinigungen.

Schritt 7 - Andrücken des DMS mit Daumen (zwischengelegte Teflonfolie): Auf die mit Klebstoff benetzte Stelle wird der mit Klebestreifen beiseite vorpositionierte Folien-DMS zurückgeklappt und sofort über eine zwischengelegte Teflonfolie mit dem Daumen fest angedrückt. Die Haltedauer beträgt ca. 60 s.

Schritt 8 - Anlöten der DMS-Bändchen und der Leitungen am Lötstützpunkt: Die DMS-Anschlussbändchen werden am Lötstützpunkt angelötet. Ebenfalls werden hier die Anschlussleitungen, welche die Signalverbindung zum Messverstärker darstellen, angelötet. Die Länge der DMS-Anschlussbändchen sollte möglichst kurz und für alle Bändchen gleich lang gehalten werden, um den Einfluss der Verbindungswiderstände auf die Messbrücke zu minimieren.

Schritt 9 - Abdecken nach sorgfältigem Entfernen der Lötflussmittelreste: Da Cyanoacrylat-Klebstoffe sehr gut gegen Feuchtigkeit geschützt werden müssen, empfiehlt sich in der Regel eine Abdeckung der Messstelle mittels Zweikomponenten-Epoxidharzklebstoff. Dazu sind Flussmittelreste des Lötvorgangs gründlich zu entfernen und vor Auftragung des Klebstoffes zur Abdeckung auf Sauberkeit der Klebstelle zu achten.

10.2 Flugdynamik der Tintentröpfchen

Bild 81: Gegenlicht-Stroboskop-Aufnahmen der Tintentröpfchen

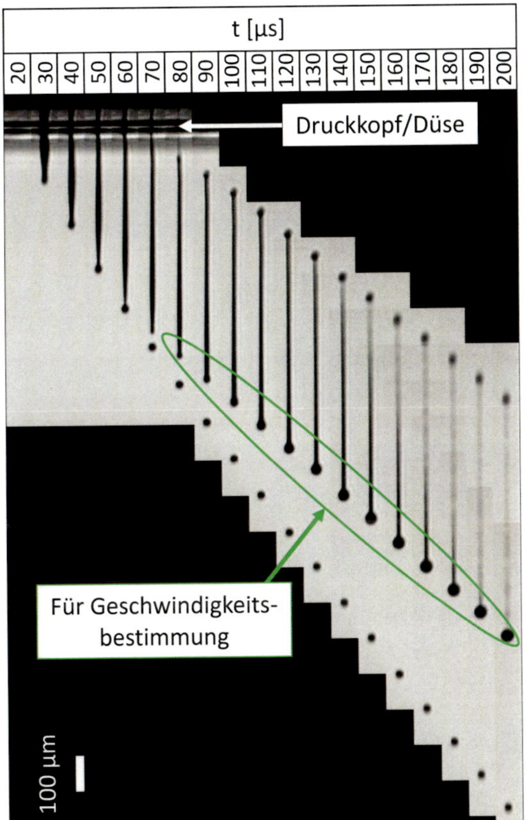

10.3 Verwendete Druckvorlagen

Layout	Parameter	Wert	Einheit	Bild
	Bezeichnung	Referenz-DMS		
	Gittertyp	Pixel		
	Druckauflösung			
	X	500	DPI	
	Y	500	DPI	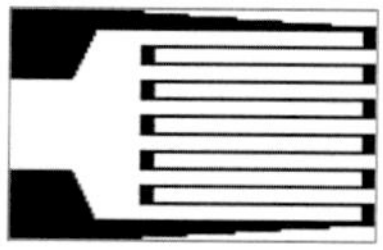
	Bildgröße			
	X	129	Pixel	
	Y	79	Pixel	
	X	6,55	mm	
	Y	4,01	mm	
	Gefüllte Pixel (Materialmenge)	3.311	Pixel	
	Spalten (zu Drucken)	129		
	Zeilen (zu Drucken)	79		
	Bezeichnung	DMS-Vollbrücke		
	Gittertyp	Pixel		
	Druckauflösung			
	X	500	DPI	
	Y	500	DPI	
	Bildgröße			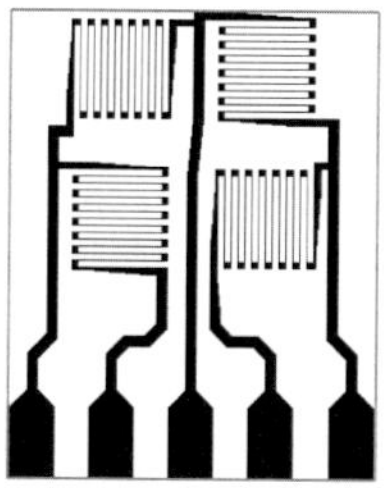
	X	320	Pixel	
	Y	398	Pixel	
	X	16,26	mm	
	Y	20,22	mm	
	Gefüllte Pixel (Materialmenge)	34.729	Pixel	
	Spalten (zu Drucken)	320		
	Zeilen (zu Drucken)	398		

	Bezeichnung	DMS-Vollbrücke (1. Schicht)		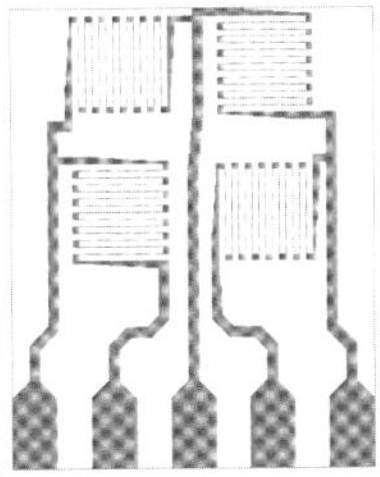
	Gittertyp	Pixel		
	Druckauflösung			
	X	500	DPI	
	Y	500	DPI	
	Bildgröße			
	X	320	Pixel	
	Y	398	Pixel	
	X	16,26	mm	
	Y	20,22	mm	
	Gefüllte Pixel (Materialmenge)	17.319	Pixel	
	Spalten (zu Drucken)	320		
	Zeilen (zu Drucken)	398		
	Bezeichnung	DMS-Vollbrücke (2. Schicht)		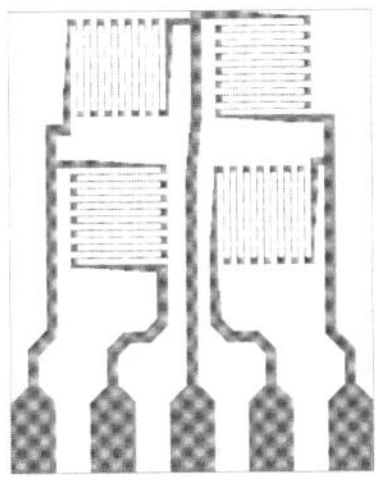
	Gittertyp	Pixel		
	Druckauflösung			
	X	500	DPI	
	Y	500	DPI	
	Bildgröße			
	X	320	Pixel	
	Y	398	Pixel	
	X	16,26	mm	
	Y	20,22	mm	
	Gefüllte Pixel (Materialmenge)	17.410	Pixel	
	Spalten (zu Drucken)	320		
	Zeilen (zu Drucken)	398		
	Bezeichnung	DMS-Vollbrücke		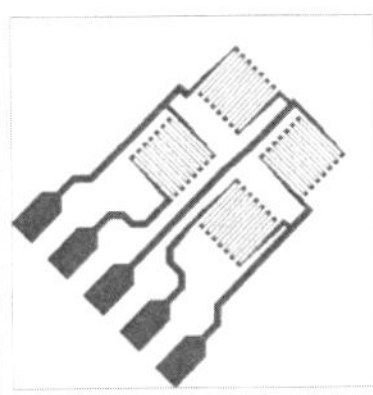
	Gittertyp	Diagonal		
	Druckauflösung			
	X	707,107	DPI	
	Y	707,107	DPI	
	Bildgröße			
	X	717	Pixel	
	Y	717	Pixel	
	X	25,76	mm	
	Y	25,76	mm	
	Gefüllte Pixel (Materialmenge)	34.729	Pixel	
	Spalten (zu Drucken)	660		
	Zeilen (zu Drucken)	659		

	Bezeichnung	DMS-Vollbrücken (N=30)		
	Gittertyp	Pixel		
	Druckauflösung			
	X	500	DPI	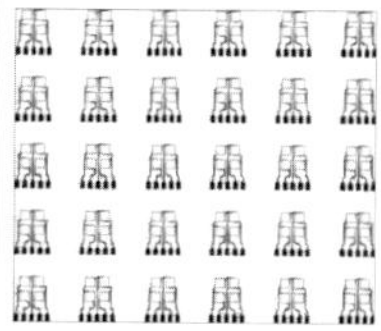
	Y	500	DPI	
	Bildgröße			
	X	3270	Pixel	
	Y	2758	Pixel	
	X	166,12	mm	
	Y	140,11	mm	
	Gefüllte Pixel (Materialmenge)	1.041.870	Pixel	
	Spalten (zu Drucken)	1.920		
	Zeilen (zu Drucken)	1.990		
	Bezeichnung	DMS-Vollbrücken (N=30)		
	Gittertyp	Diagonal		
	Druckauflösung			
	X	707,107	DPI	
	Y	707,107	DPI	
	Bildgröße			
	X	4892	Pixel	
	Y	4057	Pixel	
	X	175,73	mm	
	Y	145,73	mm	
	Gefüllte Pixel (Materialmenge)	1.041.870	Pixel	
	Spalten (zu Drucken)	3.960		
	Zeilen (zu Drucken)	3.295		

	Bezeichnung	Rechtwinkel-Rosette (1.Schicht)		
	Gittertyp	Pixel		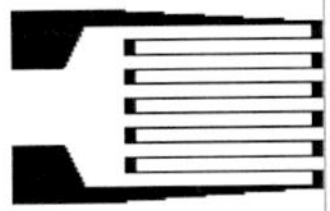
	Druckauflösung			
	X	500	DPI	
	Y	500	DPI	
	Bildgröße			
	X	148	Pixel	
	Y	394	Pixel	
	X	7,52	mm	
	Y	20,02	mm	
	Gefüllte Pixel (Materialmenge)	3.311	Pixel	
	Spalten (zu Drucken)	129		
	Zeilen (zu Drucken)	79		
	Bezeichnung	Rechtwinkel-Rosette (2.Schicht)		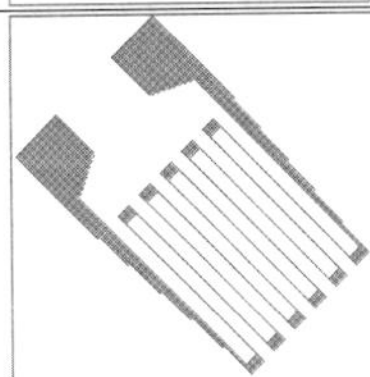
	Gittertyp	Diagonal		
	Druckauflösung			
	X	707,107	DPI	
	Y	707,107	DPI	
	Bildgröße			
	X	209	Pixel	
	Y	557	Pixel	
	X	7,51	mm	
	Y	20,01	mm	
	Gefüllte Pixel (Materialmenge)	6.622	Pixel	
	Spalten (zu Drucken)	202		
	Zeilen (zu Drucken)	404		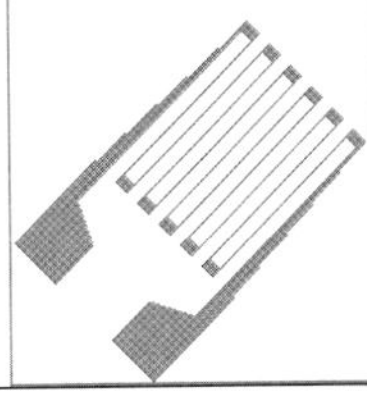

	Bezeichnung	Delta-Rosette		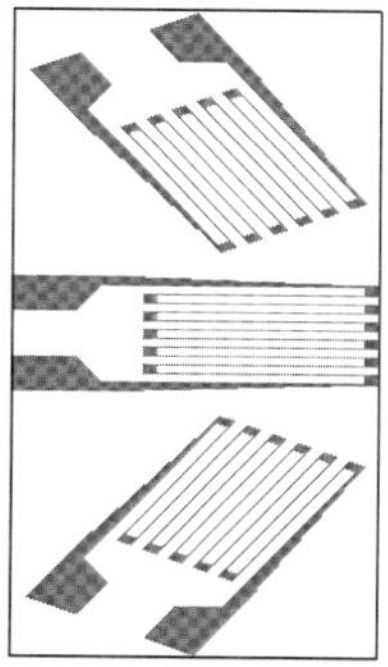
	Gittertyp	Hexagonal		
	Druckauflösung			
	X	1.000	DPI	
	Y	577,35	DPI	
	Bildgröße			
	X	256	Pixel	
	Y	442	Pixel	
	X	6,50	mm	
	Y	17,95	mm	
	Gefüllte Pixel (Materialmenge)	9.975	Pixel	
	Spalten (zu Drucken)	256		
	Zeilen (zu Drucken)	409		
	Bezeichnung	Rechtwinkel-Rosette (1.Schicht) (30 Stk.)		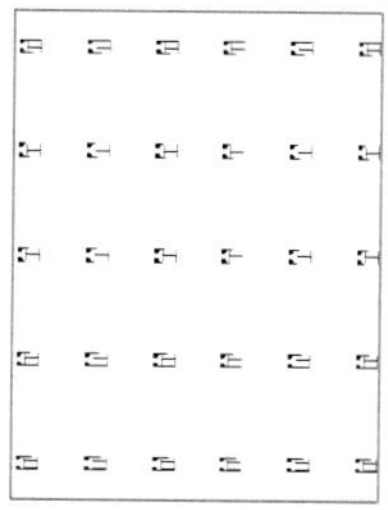
	Gittertyp	Pixel		
	Druckauflösung			
	X	500	DPI	
	Y	500	DPI	
	Bildgröße			
	X	2.118	Pixel	
	Y	2.762	Pixel	
	X	107,59	mm	
	Y	140,31	mm	
	Gefüllte Pixel (Materialmenge)	99.330	Pixel	
	Spalten (zu Drucken)	774		
	Zeilen (zu Drucken)	395		

	Bezeichnung	Rechtwinkel-Rosette (2.Schicht) (30 Stk.)		
	Gittertyp	Diagonal		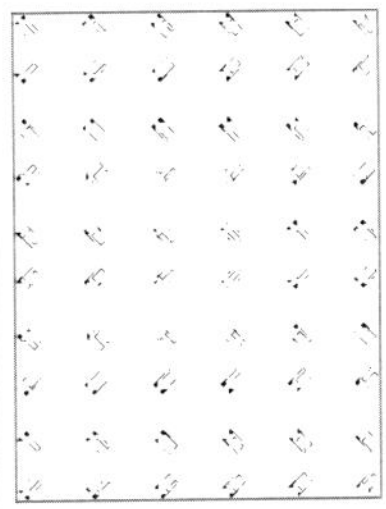
	Druckauflösung			
	X	707,107	DPI	
	Y	707,107	DPI	
	Bildgröße			
	X	2.999	Pixel	
	Y	3.901	Pixel	
	X	107,73	mm	
	Y	140,13	mm	
	Gefüllte Pixel (Materialmenge)	198.660	Pixel	
	Spalten (zu Drucken)	1212		
	Zeilen (zu Drucken)	2020		
	Bezeichnung	Delta-Rosette (30 Stk.)		
	Gittertyp	Hexagonal		
	Druckauflösung			
	X	1.000	DPI	
	Y	577,35	DPI	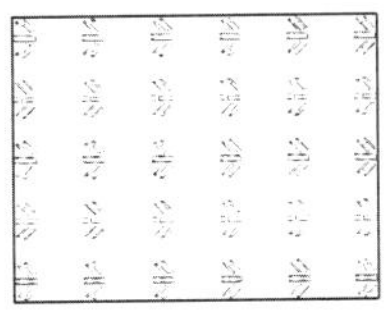
	Bildgröße			
	X	4.186	Pixel	
	Y	3.170	Pixel	
	X	106,32	mm	
	Y	139,46	mm	
	Gefüllte Pixel (Materialmenge)	296.790	Pixel	
	Spalten (zu Drucken)	1536		
	Zeilen (zu Drucken)	2045		

Tabelle 2: Druckvorlagen

10.4 Wertetabellen u-v-Gitter

u	v	λ	α
1	1	1,41	45,00
1	2	2,24	26,57
1	3	3,16	18,43
1	4	4,12	14,04
1	5	5,10	11,31
1	6	6,08	9,46
1	7	7,07	8,13
1	8	8,06	7,13
1	9	9,06	6,34
1	10	10,05	5,71
1	11	11,05	5,19
1	12	12,04	4,76
1	13	13,04	4,40
1	14	14,04	4,09
1	15	15,03	3,81
1	16	16,03	3,58
1	17	17,03	3,37
1	18	18,03	3,18
1	19	19,03	3,01
1	20	20,02	2,86
2	1	2,24	63,43
2	2	2,83	45,00
2	3	3,61	33,69
2	4	4,47	26,57
2	5	5,39	21,80
2	6	6,32	18,43
2	7	7,28	15,95
2	8	8,25	14,04
2	9	9,22	12,53
2	10	10,20	11,31
2	11	11,18	10,30
2	12	12,17	9,46
2	13	13,15	8,75
2	14	14,14	8,13
2	15	15,13	7,59
2	16	16,12	7,13
2	17	17,12	6,71
2	18	18,11	6,34
2	19	19,10	6,01
2	20	20,10	5,71
3	1	3,16	71,57
3	2	3,61	56,31
3	3	4,24	45,00
3	4	5,00	36,87
3	5	5,83	30,96
3	6	6,71	26,57
3	7	7,62	23,20
3	8	8,54	20,56
3	9	9,49	18,43
3	10	10,44	16,70
3	11	11,40	15,26
3	12	12,37	14,04
3	13	13,34	12,99
3	14	14,32	12,09
3	15	15,30	11,31
3	16	16,28	10,62
3	17	17,26	10,01
3	18	18,25	9,46
3	19	19,24	8,97
3	20	20,22	8,53
4	1	4,12	75,96
4	2	4,47	63,43
4	3	5,00	53,13
4	4	5,66	45,00
4	5	6,40	38,66
4	6	7,21	33,69
4	7	8,06	29,74
4	8	8,94	26,57
4	9	9,85	23,96
4	10	10,77	21,80
4	11	11,70	19,98
4	12	12,65	18,43
4	13	13,60	17,10
4	14	14,56	15,95
4	15	15,52	14,93
4	16	16,49	14,04
4	17	17,46	13,24
4	18	18,44	12,53
4	19	19,42	11,89
4	20	20,40	11,31
5	1	5,10	78,69
5	2	5,39	68,20
5	3	5,83	59,04
5	4	6,40	51,34
5	5	7,07	45,00
5	6	7,81	39,81
5	7	8,60	35,54
5	8	9,43	32,01
5	9	10,30	29,05
5	10	11,18	26,57
5	11	12,08	24,44
5	12	13,00	22,62
5	13	13,93	21,04
5	14	14,87	19,65
5	15	15,81	18,43
5	16	16,76	17,35
5	17	17,72	16,39
5	18	18,68	15,52
5	19	19,65	14,74
5	20	20,62	14,04
6	1	6,08	80,54
6	2	6,32	71,57
6	3	6,71	63,43
6	4	7,21	56,31
6	5	7,81	50,19
6	6	8,49	45,00
6	7	9,22	40,60
6	8	10,00	36,87
6	9	10,82	33,69
6	10	11,66	30,96
6	11	12,53	28,61
6	12	13,42	26,57
6	13	14,32	24,78
6	14	15,23	23,20
6	15	16,16	21,80
6	16	17,09	20,56
6	17	18,03	19,44
6	18	18,97	18,43
6	19	19,92	17,53
6	20	20,88	16,70
7	1	7,07	81,87
7	2	7,28	74,05
7	3	7,62	66,80
7	4	8,06	60,26
7	5	8,60	54,46
7	6	9,22	49,40
7	7	9,90	45,00
7	8	10,63	41,19
7	9	11,40	37,87
7	10	12,21	34,99
7	11	13,04	32,47
7	12	13,89	30,26
7	13	14,76	28,30
7	14	15,65	26,57
7	15	16,55	25,02
7	16	17,46	23,63
7	17	18,38	22,38
7	18	19,31	21,25
7	19	20,25	20,22
7	20	21,19	19,29
8	1	8,06	82,87
8	2	8,25	75,96
8	3	8,54	69,44
8	4	8,94	63,43
8	5	9,43	57,99
8	6	10,00	53,13
8	7	10,63	48,81
8	8	11,31	45,00
8	9	12,04	41,63
8	10	12,81	38,66
8	11	13,60	36,03
8	12	14,42	33,69
8	13	15,26	31,61
8	14	16,12	29,74
8	15	17,00	28,07
8	16	17,89	26,57
8	17	18,79	25,20
8	18	19,70	23,96
8	19	20,62	22,83
8	20	21,54	21,80
9	1	9,06	83,66
9	2	9,22	77,47
9	3	9,49	71,57
9	4	9,85	66,04
9	5	10,30	60,95
9	6	10,82	56,31
9	7	11,40	52,13
9	8	12,04	48,37
9	9	12,73	45,00
9	10	13,45	41,99
9	11	14,21	39,29
9	12	15,00	36,87
9	13	15,81	34,70
9	14	16,64	32,74
9	15	17,49	30,96
9	16	18,36	29,36
9	17	19,24	27,90
9	18	20,12	26,57
9	19	21,02	25,35
9	20	21,93	24,23
10	1	10,05	84,29
10	2	10,20	78,69
10	3	10,44	73,30
10	4	10,77	68,20
10	5	11,18	63,43
10	6	11,66	59,04
10	7	12,21	55,01
10	8	12,81	51,34
10	9	13,45	48,01
10	10	14,14	45,00
10	11	14,87	42,27
10	12	15,62	39,81
10	13	16,40	37,57
10	14	17,20	35,54
10	15	18,03	33,69
10	16	18,87	32,01
10	17	19,72	30,47
10	18	20,59	29,05
10	19	21,47	27,76
10	20	22,36	26,57

u	v	λ	α
11	1	11,05	84,81
11	2	11,18	79,70
11	3	11,40	74,74
11	4	11,70	70,02
11	5	12,08	65,56
11	6	12,53	61,39
11	7	13,04	57,53
11	8	13,60	53,97
11	9	14,21	50,71
11	10	14,87	47,73
11	11	15,56	45,00
11	12	16,28	42,51
11	13	17,03	40,24
11	14	17,80	38,16
11	15	18,60	36,25
11	16	19,42	34,51
11	17	20,25	32,91
11	18	21,10	31,43
11	19	21,95	30,07
11	20	22,83	28,81
12	1	12,04	85,24
12	2	12,17	80,54
12	3	12,37	75,96
12	4	12,65	71,57
12	5	13,00	67,38
12	6	13,42	63,43
12	7	13,89	59,74
12	8	14,42	56,31
12	9	15,00	53,13
12	10	15,62	50,19
12	11	16,28	47,49
12	12	16,97	45,00
12	13	17,69	42,71
12	14	18,44	40,60
12	15	19,21	38,66
12	16	20,00	36,87
12	17	20,81	35,22
12	18	21,63	33,69
12	19	22,47	32,28
12	20	23,32	30,96
13	1	13,04	85,60
13	2	13,15	81,25
13	3	13,34	77,01
13	4	13,60	72,90
13	5	13,93	68,96
13	6	14,32	65,22
13	7	14,76	61,70
13	8	15,26	58,39
13	9	15,81	55,30
13	10	16,40	52,43

u	v	λ	α
13	11	17,03	49,76
13	12	17,69	47,29
13	13	18,38	45,00
13	14	19,10	42,88
13	15	19,85	40,91
13	16	20,62	39,09
13	17	21,40	37,41
13	18	22,20	35,84
13	19	23,02	34,38
13	20	23,85	33,02
14	1	14,04	85,91
14	2	14,14	81,87
14	3	14,32	77,91
14	4	14,56	74,05
14	5	14,87	70,35
14	6	15,23	66,80
14	7	15,65	63,43
14	8	16,12	60,26
14	9	16,64	57,26
14	10	17,20	54,46
14	11	17,80	51,84
14	12	18,44	49,40
14	13	19,10	47,12
14	14	19,80	45,00
14	15	20,52	43,03
14	16	21,26	41,19
14	17	22,02	39,47
14	18	22,80	37,87
14	19	23,60	36,38
14	20	24,41	34,99
15	1	15,03	86,19
15	2	15,13	82,41
15	3	15,30	78,69
15	4	15,52	75,07
15	5	15,81	71,57
15	6	16,16	68,20
15	7	16,55	64,98
15	8	17,00	61,93
15	9	17,49	59,04
15	10	18,03	56,31
15	11	18,60	53,75
15	12	19,21	51,34
15	13	19,85	49,09
15	14	20,52	46,97
15	15	21,21	45,00
15	16	21,93	43,15
15	17	22,67	41,42
15	18	23,43	39,81
15	19	24,21	38,29
15	20	25,00	36,87

u	v	λ	α
16	1	16,03	86,42
16	2	16,12	82,87
16	3	16,28	79,38
16	4	16,49	75,96
16	5	16,76	72,65
16	6	17,09	69,44
16	7	17,46	66,37
16	8	17,89	63,43
16	9	18,36	60,64
16	10	18,87	57,99
16	11	19,42	55,49
16	12	20,00	53,13
16	13	20,62	50,91
16	14	21,26	48,81
16	15	21,93	46,85
16	16	22,63	45,00
16	17	23,35	43,26
16	18	24,08	41,63
16	19	24,84	40,10
16	20	25,61	38,66
17	1	17,03	86,63
17	2	17,12	83,29
17	3	17,26	79,99
17	4	17,46	76,76
17	5	17,72	73,61
17	6	18,03	70,56
17	7	18,38	67,62
17	8	18,79	64,80
17	9	19,24	62,10
17	10	19,72	59,53
17	11	20,25	57,09
17	12	20,81	54,78
17	13	21,40	52,59
17	14	22,02	50,53
17	15	22,67	48,58
17	16	23,35	46,74
17	17	24,04	45,00
17	18	24,76	43,36
17	19	25,50	41,82
17	20	26,25	40,36
18	1	18,03	86,82
18	2	18,11	83,66
18	3	18,25	80,54
18	4	18,44	77,47
18	5	18,68	74,48
18	6	18,97	71,57
18	7	19,31	68,75
18	8	19,70	66,04
18	9	20,12	63,43
18	10	20,59	60,95

u	v	λ	α
18	11	21,10	58,57
18	12	21,63	56,31
18	13	22,20	54,16
18	14	22,80	52,13
18	15	23,43	50,19
18	16	24,08	48,37
18	17	24,76	46,64
18	18	25,46	45,00
18	19	26,17	43,45
18	20	26,91	41,99
19	1	19,03	86,99
19	2	19,10	83,99
19	3	19,24	81,03
19	4	19,42	78,11
19	5	19,65	75,26
19	6	19,92	72,47
19	7	20,25	69,78
19	8	20,62	67,17
19	9	21,02	64,65
19	10	21,47	62,24
19	11	21,95	59,93
19	12	22,47	57,72
19	13	23,02	55,62
19	14	23,60	53,62
19	15	24,21	51,71
19	16	24,84	49,90
19	17	25,50	48,18
19	18	26,17	46,55
19	19	26,87	45,00
19	20	27,59	43,53
20	1	20,02	87,14
20	2	20,10	84,29
20	3	20,22	81,47
20	4	20,40	78,69
20	5	20,62	75,96
20	6	20,88	73,30
20	7	21,19	70,71
20	8	21,54	68,20
20	9	21,93	65,77
20	10	22,36	63,43
20	11	22,83	61,19
20	12	23,32	59,04
20	13	23,85	56,98
20	14	24,41	55,01
20	15	25,00	53,13
20	16	25,61	51,34
20	17	26,25	49,64
20	18	26,91	48,01
20	19	27,59	46,47
20	20	28,28	45,00

10.5 Überprüfung der Korrelation von Widerstand und Verstimmung bei DMS-Rosetten

Bild 82: Überprüfung der Korrelation von Widerstand und Verstimmung bei DMS Rechtwinkel-Rosetten

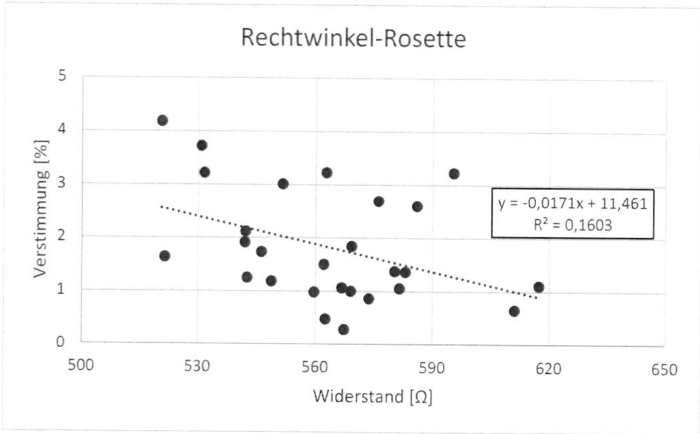

Bild 83: Überprüfung der Korrelation von Widerstand und Verstimmung bei DMS Delta-Rosetten

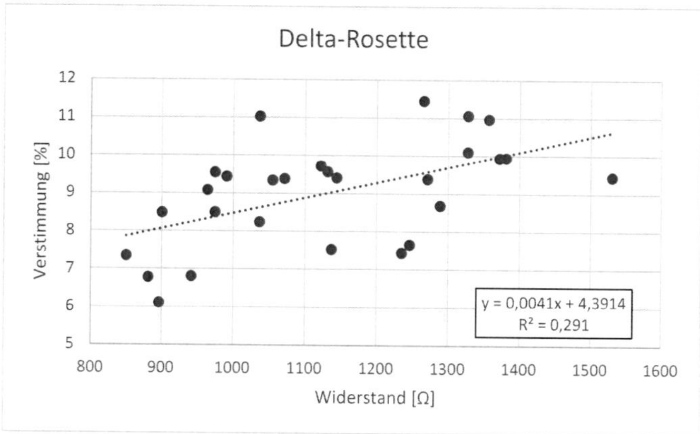

11 Literaturangaben

[1] Schleifenbaum, J. H.: Verfahren und Maschine zur individualisierten Produktion mit High Power Selective Laser Melting. Zugl.: Aachen, Techn. Hochsch., Diss., 2011. Berichte aus der Lasertechnik. Aachen: Shaker 2012

[2] Gebhardt, A.: Additive Fertigungsverfahren. Additive Manufacturing und 3D-Drucken für Prototyping - Tooling - Produktion. Hanser eLibrary. 2016

[3] Le Bourhis, F., Kerbrat, O., Dembinski, L., Hascoet, J.-Y. u. Mognol, P.: Predictive Model for Environmental Assessment in Additive Manufacturing Process. Procedia CIRP 15 (2014), S. 26–31

[4] Roland Berger: Additive Manufacturing - next generation AMnx. 2016

[5] Statista: 3D printing & additive manufacturing worldwide. https://www.statista.com/study/21960/additive-manufacturing-statista-dossier/, abgerufen am: 17.09.2021

[6] Lehmhus, D., Aumund-Kopp, C., Petzoldt, F., Godlinski, D., Haberkorn, A., Zöllmer, V. u. Busse, M.: Customized Smartness. A Survey on Links between Additive Manufacturing and Sensor Integration. Procedia Technology 26 (2016), S. 284–301

[7] Suganuma, K.: Introduction to Printed Electronics, Bd. 74. New York, NY: Springer New York 2014

[8] Wünscher, S., Abbel, R., Perelaer, J. u. Schubert, U. S.: Progress of alternative sintering approaches of inkjet-printed metal inks and their application for manufacturing of flexible electronic devices. J. Mater. Chem. C 2 (2014) 48, S. 10232–10261

[9] Kravchuk, O., Bobitski, Y. u. Reichenberger, M.: Laser curing of inkjet printed strain gauge structures. Proceedings of the 23rd International Conference Mixed Design of Integrated Circuits and Systems, MIXDES 2016. Łodź, Poland, June 23-25, 2016. Piscataway, NJ: IEEE 2016, S. 343–345

[10] Markets & Markets: Printed Electronics Market with Covid-19 Impact Analysis by Printing Technology (Screen, Inkjet, Gravure), Application (Displays, Sensors, Batteries), Material (Inks, Substrates), End-Use Industry, and Geography - Global Forecast to 2025, 2020. https://www.marketsandmarkets.com/Market-Reports/printed-electronics-market-197.html

[11] VDI/VDE 2635 Blatt 1:2015-07. *Experimentelle Strukturanalyse - Dehnungsmessstreifen mit metallischem Messgitter - Kenngrößen und Prüfbedingungen*

[12] Keil, S.: Dehnungsmessstreifen. 2017

[13] Hoffmann, K.: Eine Einführung in die Technik des Messens mit Dehnungsmessstreifen. hbm.com 1987

[14] Ohm, G. S.: Die galvanische Kette, mathematisch bearbeitet. TH Riemann 1827

[15] Wheatstone, C.: The Bakerian Lecture. An Account of Several New Instruments and Processes for Determining the Constants of a Voltaic Circuit. Philosophical Transactions of the Royal Society of London 133 (1843) 0, S. 303–327

[16] Thomson, W.: On the Electro-Dynamic Qualities of Metals. Part IV: Methods for Comparing and Determining Galvanic Resistances. Philosophical Transactions of the Royal Society of London (1856), S. 730–736

[17] Lindeck, S.: Über den Einfluß der Luftfeuchtigkeit auf elektrische Widerstände. Z. f. Instrumentenkunde (1908), S. 229–243

[18] Czerlinsky, E.: Untersuchungen über die Widerstandsänderungen von Drähten durch Zug. Jb. Dtsch. Luftf. Forschung, Abt. II (1938), S. 377

[19] Keil, S.: 33 Jahre DMS-Produktion in Darmstadt. Eine historische Rückschau aus Anlaß des 50-jährigen Jubiläums des Dehnungsmeßstreifens. Messtechnische Briefe 24 (1988) 2, S. 43-52

[20] Clark, D.S., Dätwyler, G.: Stress-strain relations under tension impact loading. Proc. ASTM (1938) 38, S. 98–111

[21] US Patent 2,292,549

[22] Tatnall, F. G.: Tatnall on testing. 1966

[23] Keil, S.: Historische Rückschau auf Entstehung und Entwicklung des Dehnungsmessstreifens. Lippstadt: Cuneus 2006

[24] Demtröder, W.: Experimentalphysik 2: Elektrizität und Optik. 2009

[25] BLH-Measurement Topics, vol. 5, no. 3, Sept. 1967

[26] Hoffmann, K.: Anwendung der Wheatstoneschen Brückenschaltung. Darmstadt: hbm.com 2001

[27] ORT, W.: Sensoren mit Metallfolien-Dehnungsmessstreifen. Messtechnische Briefe 18 (1982) 1, S. 11–16

[28] ORT, W.: Sensoren mit Folien - und Dünnfilm - Dehnungsmeßstreifen / Sensors using foil and thin film strain gages. tm - Technisches Messen 50 (1983) JG

[29] ORT, W.: Eine neue Technologie zur Herstellung von Dünnfilm-Dehnungsmessstreifen für den Aufnehmerbau. Messtechnische Briefe 13 (1977) 1, S. 7–11

[30] Holland, L.: Vacuum deposition of thin films. London: Chapman and Hall 1970

[31] Holland, L.: The basic principles of sputter deposition. In: Science and Technology of Surface Coating, Academic Press, London and New York (1974), S. 369–385

[32] Mattox, D. M.: Handbook of physical vapor deposition (PVD) processing. Oxford, UK: William Andrew 2010

[33] Suttmann, O., Gosselin, M., Klug, U. u. Kling, R.: Picosecond laser patterning of NiCr thin film strain gages. Proceedings of SPIE - The International Society for Optical Engineering 7589 (2010), S. 758914

[34] Jee, Y., Becker, M. F. u. Walser, R. M.: Laser-induced damage on single-crystal metal surfaces. Journal of the Optical Society of America B 5 (1988) 3, S. 648

[35] Düsing, J. F.: Oberflächen-Dünnschichtsensorik erschließt neue Anwendungen. Laser-Magazin, (2011), No.3, pp.11-12 (2011), N-180354

[36] Duesing, J. F.: Ultrafast Laser Patterning of Thin Films on 3-D Shaped Surfaces for Strain Sensor Applications. Journal of Laser Micro/Nanoengineering 7 (2012) 3, S. 311–315

[37] Tränkler, H.-R. u. Reindl, L. M.: Sensortechnik. Handbuch für Praxis und Wissenschaft. VDI-Buch. Berlin: Springer Vieweg 2014

[38] Vishay Precision Group: Tech Note TN-515. Strain Gage Rosettes: Selection, Application and Data Reduction 11065. 14-Aug-2014

[39] Sowade, E.: Inkjet printing of photonic structures and thin-film transistors based on evaporation-driven material transportation and self-assembly. 2017. http://www.qucosa.de/fileadmin/data/qucosa/documents/22742/Dissertation_Enrico_Sowade.pdf

[40] Menzel, C., Hoisington, P. u. Bibl, A.: MEMS solutions for precision micro-fluidic dispensing application (2004)

[41] Pond, S. F.: Inkjet technology and product development strategies. Carlsbad: Torrey Pines 2000
[42] Hoath, S. D.: Fundamentals of inkjet printing. The science of inkjet and droplets. 2016
[43] Le, H. P.: Progress and trends in ink-jet printing technology. Journal of Imaging Science and Technology 42 (1998) 1, S. 49–62
[44] Zapka, W.: Handbook of Industrial Inkjet Printing. Weinheim, Germany: Wiley-VCH Verlag GmbH & Co. KGaA 2017
[45] Hutchings, I. M. u. Martin, G. D.: Inkjet technology for digital fabrication. Chichester: Wiley 2013
[46] Albrecht, A.: Printed Sensors for the Internet of Things, Dissertation, München, Technische Universität München, 2018 u. Deutsche Nationalbibliothek
[47] Ujiie, H.: Digital printing of textiles. Woodhead publishing in textiles. Boca Raton, Cambridge, England: CRC Press 2006
[48] Cummins, G. u. Desmulliez, M. P.: Inkjet printing of conductive materials: a review. Circuit World 38 (2012) 4, S. 193–213
[49] Magdassi, S. (Hrsg.): The chemistry of inkjet inks. Singapore, Hackensack, N.J: World Scientific Pub. Co 2010
[50] Yoshimura, K., Mitsura Kishimoto u. Toshiro Suemune: Inkjet Printing Technology (1998)
[51] Fujifilm Dimatix: Materials Printer & Cartridge DMP-2800 Series Printer & DMC-11600 Series Cartridge FAQ. 2008
[52] Fujifilm Dimatix: Datasheet Fujifilm Dimatix SE-128 AA printhead. 2015
[53] Fujifilm Dimatix: Datasheet Fujifilm Dimatix SL-128 AA printhead. 2015
[54] US Patent US2566443
[55] Kipphan, H. (Hrsg.): Handbook of Print Media. Technologies and Production Methods. Berlin, Heidelberg, s.l.: Springer Berlin Heidelberg 2001
[56] Sirringhaus, H. u. Shimoda, T.: Inkjet Printing of Functional Materials. MRS Bulletin 28 (2003) 11, S. 802–806
[57] Szczech, J. B., Megaridis, C. M., Gamota, D. R. u. Zhang, J.: Fine-line conductor manufacturing using drop-on demand PZT printing technology. IEEE Transactions on Electronics Packaging Manufacturing 25 (2002) 1, S. 26–33
[58] Kim, D. u. Moon, J.: Highly Conductive Ink Jet Printed Films of Nanosilver Particles for Printable Electronics. Electrochemical and Solid-State Letters 8 (2005) 11, J30
[59] Calvert, P.: Inkjet Printing for Materials and Devices. Chemistry of Materials 13 (2001) 10, S. 3299–3305
[60] Lee, H.-H., Chou, K.-S. u. Huang, K.-C.: Inkjet printing of nanosized silver colloids. Nanotechnology 16 (2005) 10, S. 2436–2441
[61] Derby, B.: Inkjet Printing of Functional and Structural Materials: Fluid Property Requirements, Feature Stability, and Resolution. Annual Review of Materials Research 40 (2010) 1, S. 395–414
[62] Burgués-Ceballos, I., Stella, M., Lacharmoise, P. u. Martínez-Ferrero, E.: Towards industrialization of polymer solar cells: material processing for upscaling. J. Mater. Chem. A 2 (2014) 42, S. 17711–17722
[63] Raman, C. V.: A Theory of the Viscosity of Liquids. Nature 111 (1923) 2790, S. 532–533
[64] Reichenberger, M., Kravchuk, O. u. Mühlbauer, A.: Low-cost Ink-Jet printing for Electrical Functionalization of Rigid Substrate Material 2012
[65] Krutsch, A.: Untersuchung zu inkjetgedruckten Dehnungssensoren auf Foliensubstraten. 2015
[66] Werner, C.: Untersuchungen zur Sinterung Aerosol Jet und Ink Jet gedruckter Ag- und CuNiMn-Mikrostrukturen. @Bremen, Univ., Diss., 2014. Bremen: Staats- und Universitätsbibliothek

[67] Seifert, T., Sowade, E., Roscher, F., Wiemer, M., Gessner, T. u. Baumann, R. R.: Additive Manufacturing Technologies Compared. Morphology of Deposits of Silver Ink Using Inkjet and Aerosol Jet Printing. Industrial & Engineering Chemistry Research 54 (2015) 2, S. 769–779

[68] Sowade, E., Polomoshnov, M. u. Baumann, R. R.: The design challenge in printing devices and circuits. Influence of the orientation of print patterns in inkjet-printed electronics. Organic Electronics 37 (2016) Supplement C, S. 428–438

[69] Pearson, J. R. A.: On convection cells induced by surface tension. Journal of Fluid Mechanics 4 (1958) 5, S. 489–500

[70] Comsol: Marangoni effect, 2021. https://www.comsol.com/model/marangoni-effect-20329

[71] Bénard, H.: Les tourbillons cellulaires dans une nappe liquide. Rev. Gen. Sci. Pures Appl. 11 (1900), S. 1261–1271

[72] Hashim, I.: On competition between modes at the onset of Bénard-Marangoni convection in a layer of fluid. The ANZIAM Journal 43 (2002) 3, S. 387–395

[73] Deegan, R. D., Bakajin, O., Dupont, T. F., Huber, G., Nagel, S. R. u. Witten, T. A.: Capillary flow as the cause of ring stains from dried liquid drops. Nature 389 (1997) 6653, S. 827

[74] Soltman, D. u. Subramanian, V.: Inkjet-printed line morphologies and temperature control of the coffee ring effect. Langmuir : the ACS journal of surfaces and colloids 24 (2008) 5, S. 2224–2231

[75] Rehberger, M., Vedder, C. u. Schleifenbaum, H.: Challenges and Opportunities for Laser-based Additive Manufacturing of Strain Sensors. Lasers in Manufacturing Conference, München (2019)

[76] Diaz, E., Ramon, E. u. Carrabina, J.: Inkjet patterning of multiline intersections for wirings in printed electronics. Langmuir : the ACS journal of surfaces and colloids 29 (2013) 40, S. 12608–12614

[77] Ramon, E., Martínez-Domingo, C. u. Carrabina, J.: Geometric Design and Compensation Rules Generation and Characterization for All-Inkjet-Printed Organic Thin Film Transistors. Journal of Imaging Science and Technology 57 (2013) 4, S. 1–12

[78] Correia, V., Caparros, C., Casellas, C., Francesch, L., Rocha, J. G. u. Lanceros-Mendez, S.: Development of inkjet printed strain sensors. Smart Materials and Structures 22 (2013) 10, S. 105028

[79] US Patent 4,748,453 A

[80] PV Nano Cell Ltd.: Sicrys™ Silver Inks Handbook. Version 12.1, 2021

[81] Microsoft: Types of Bitmaps, 2017. https://docs.microsoft.com/en-us/dotnet/desktop/winforms/advanced/types-of-bitmaps

[82] Sowade, E., Mitra, K. Y., Ramon, E., Martinez-Domingo, C., Villani, F., Loffredo, F., Gomes, H. L. u. Baumann, R. R.: Up-scaling of the manufacturing of all-inkjet-printed organic thin-film transistors. Device performance and manufacturing yield of transistor arrays. Organic Electronics 30 (2016) Supplement C, S. 237–246

[83] Phung, T., Nguyen, L. u. Kwon, K. S.: A Vector Printing Method for High-Speed Electrohydrodynamic (EHD) Jet Printing Based on Encoder Position Sensors. Applied Sciences 8 (2018) 3, S. 351

[84] Rehberger, M., Mertin, J., Vedder, C., Stollenwerk, J. u. Schleifenbaum, J. H.: Rotation Grids for Improved Electrical Properties of Inkjet-Printed Strain Gauges. Sensors (Basel, Switzerland) 22 (2022) 16, S. 6119

[85] Bonn, D., Eggers, J., Indekeu, J., Meunier, J. u. Rolley, E.: Wetting and spreading. Reviews of Modern Physics 81 (2009) 2, S. 739–805

[86] German, R. M.: Sintering theory and practice. A Wiley interscience publication. New York: Wiley 1996

[87] Schatt, W.: Pulvermetallurgie. Technologien und Werkstoffe. VDI-Buch. Berlin, Heidelberg: Springer-Verlag Berlin Heidelberg 2007

[88] Gladkich, N. T., Niedermayer, R. u. Spiegel, K.: Nachweis großer Schmelzpunktserniedrigungen bei dünnen Metallschichten. physica status solidi (b) 15 (1966) 1, S. 181–192

[89] Allen, G. L., Bayles, R. A., Gile, W. W. u. Jesser, W. A.: Small particle melting of pure metals. Thin Solid Films 144 (1986) 2, S. 297–308

[90] Wakuda, D., Hatamura, M. u. Suganuma, K.: Novel method for room temperature sintering of Ag nanoparticle paste in air. Chemical Physics Letters 441 (2007) 4-6, S. 305–308

[91] Wakuda, D., Kim, K.-S. u. Suganuma, K.: Room-Temperature Sintering Process of Ag Nanoparticle Paste. IEEE Transactions on Components and Packaging Technologies 32 (2009) 3, S. 627–632

[92] Coutts, M. J., Cortie, M. B., Ford, M. J. u. McDonagh, A. M.: Rapid and Controllable Sintering of Gold Nanoparticle Inks at Room Temperature Using a Chemical Agent. The Journal of Physical Chemistry C 113 (2009) 4, S. 1325–1328

[93] Magdassi, S., Grouchko, M., Berezin, O. u. Kamyshny, A.: Triggering the sintering of silver nanoparticles at room temperature. ACS nano 4 (2010) 4, S. 1943–1948

[94] Grouchko, M., Kamyshny, A., Mihailescu, C. F., Anghel, D. F. u. Magdassi, S.: Conductive inks with a "built-in" mechanism that enables sintering at room temperature. ACS nano 5 (2011) 4, S. 3354–3359

[95] Layani, M., Cooperstein, I. u. Magdassi, S.: UV crosslinkable emulsions with silver nanoparticles for inkjet printing of conductive 3D structures. J. Mater. Chem. C 1 (2013) 19, S. 3244

[96] Layani, M., Grouchko, M., Shemesh, S. u. Magdassi, S.: Conductive patterns on plastic substrates by sequential inkjet printing of silver nanoparticles and electrolyte sintering solutions. Journal of Materials Chemistry 22 (2012) 29, S. 14349

[97] Layani, M. u. Magdassi, S.: Flexible transparent conductive coatings by combining self-assembly with sintering of silver nanoparticles performed at room temperature. Journal of Materials Chemistry 21 (2011) 39, S. 15378

[98] Moonen, P. F., Bat, E., Voorthuijzen, W. P. u. Huskens, J.: Soft-lithographic patterning of room temperature-sintering Ag nanoparticles on foil. RSC Advances 3 (2013) 40, S. 18498

[99] Tang, Y., He, W., Zhou, G., Wang, S., Yang, X., Tao, Z. u. Zhou, J.: A new approach causing the patterns fabricated by silver nanoparticles to be conductive without sintering. Nanotechnology 23 (2012) 35, S. 355304

[100] Olkkonen, J., Leppäniemi, J., Mattila, T. u. Eiroma, K.: Sintering of inkjet printed silver tracks with boiling salt water. J. Mater. Chem. C 2 (2014) 18, S. 3577

[101] Long, Y., Wu, J., Wang, H., Zhang, X., Zhao, N. u. Xu, J.: Rapid sintering of silver nanoparticles in an electrolyte solution at room temperature and its application to fabricate conductive silver films using polydopamine as adhesive layers. Journal of Materials Chemistry 21 (2011) 13, S. 4875

[102] Allen, M., Leppäniemi, J., Vilkman, M., Alastalo, A. u. Mattila, T.: Substrate-facilitated nanoparticle sintering and component interconnection procedure. Nanotechnology 21 (2010) 47, S. 475204

[103] Andersson, H., Manuilskiy, A., Lidenmark, C., Gao, J., Öhlund, T., Forsberg, S., Örtegren, J., Schmidt, W. u. Nilsson, H.-E.: The influence of paper coating content on room temperature sintering of silver nanoparticle ink. Nanotechnology 24 (2013) 45, S. 455203

[104] Andersson, H., Manuilskiy, A., Unander, T., Lidenmark, C., Forsberg, S. u. Nilsson, H.-E.: Inkjet Printed Silver Nanoparticle Humidity Sensor With Memory Effect on Paper. IEEE Sensors Journal 12 (2012) 6, S. 1901–1905
[105] Unander, T. u. Nilsson, H.-E.: Characterization of Printed Moisture Sensors in Packaging Surveillance Applications. IEEE Sensors Journal 9 (2009) 8, S. 922–928
[106] Sivaramakrishnan, S., Chia, P.-J., Yeo, Y.-C., Chua, L.-L. u. Ho, P. K.-H.: Controlled insulator-to-metal transformation in printable polymer composites with nanometal clusters. Nature materials 6 (2007) 2, S. 149–155
[107] Allen, M. L., Aronniemi, M., Mattila, T., Alastalo, A., Ojanperä, K., Suhonen, M. u. Seppä, H.: Electrical sintering of nanoparticle structures. Nanotechnology 19 (2008) 17, S. 175201
[108] Roberson, D. A., Wicker, R. B. u. MacDonald, E.: Ohmic Curing of Printed Silver Conductive Traces. Journal of Electronic Materials 41 (2012) 9, S. 2553–2566
[109] Werner, C., Godlinski, D., Zöllmer, V. u. Busse, M.: Morphological influences on the electrical sintering process of Aerosol Jet and Ink Jet printed silver microstructures. Journal of Materials Science: Materials in Electronics 24 (2013) 11, S. 4367–4377
[110] Allen, M., Alastalo, A., Suhonen, M., Mattila, T., Leppaniemi, J. u. Seppa, H.: Contactless Electrical Sintering of Silver Nanoparticles on Flexible Substrates. IEEE Transactions on Microwave Theory and Techniques 59 (2011) 5, S. 1419–1429
[111] Paschen, F.: Ueber die zum Funkenübergang in Luft, Wasserstoff und Kohlensäure bei verschiedenen Drucken erforderliche Potentialdifferenz. Annalen der Physik 273 (1889) 5, S. 69–96
[112] Tendero, C., Tixier, C., Tristant, P., Desmaison, J. u. Leprince, P.: Atmospheric pressure plasmas: A review. Spectrochimica Acta Part B: Atomic Spectroscopy 61 (2006) 1, S. 2–30
[113] Pappas, D.: Status and potential of atmospheric plasma processing of materials. Journal of Vacuum Science & Technology A: Vacuum, Surfaces, and Films 29 (2011) 2, S. 20801
[114] Merche, D., Vandencasteele, N. u. Reniers, F.: Atmospheric plasmas for thin film deposition: A critical review. Thin Solid Films 520 (2012) 13, S. 4219–4236
[115] Crowther, J. M. u. Badyal, J. P. S.: Cold Plasma Metallization of Supported Metal Salt Layers. Australian Journal of Chemistry 65 (2012) 8, S. 1139
[116] Crowther, J. M. u. Badyal, J. P. S.: Non-Isothermal Plasma Metallization of Polymer-Supported Gold(III) Complexes. Advanced Materials 10 (1998) 5, S. 407–411
[117] Bromberg, V., Ma, S., Egitto, F. D. u. Singler, T. J.: Highly conductive lines by plasma-induced conversion of inkjet-printed silver nitrate traces. J. Mater. Chem. C 1 (2013) 41, S. 6842
[118] Reinhold, I., Hendriks, C. E., Eckardt, R., Kranenburg, J. M., Perelaer, J., Baumann, R. R. u. Schubert, U. S.: Argon plasma sintering of inkjet printed silver tracks on polymer substrates. Journal of Materials Chemistry 19 (2009) 21, S. 3384
[119] Wünscher, S., Stumpf, S., Teichler, A., Pabst, O., Perelaer, J., Beckert, E. u. Schubert, U. S.: Localized atmospheric plasma sintering of inkjet printed silver nanoparticles. Journal of Materials Chemistry 22 (2012) 47, S. 24569
[120] Wünscher, S., Stumpf, S., Perelaer, J. u. Schubert, U. S.: Towards single-pass plasma sintering: temperature influence of atmospheric pressure plasma sintering of silver nanoparticle ink. Journal of Materials Chemistry C 2 (2014) 9, S. 1642
[121] Ma, S., Bromberg, V., Liu, L., Egitto, F. D., Chiarot, P. R. u. Singler, T. J.: Low temperature plasma sintering of silver nanoparticles. Applied Surface Science 293 (2014), S. 207–215

[122] Kim, K.-S., Bang, J.-O., Choa, Y.-H. u. Jung, S.-B.: The characteristics of Cu nanopaste sintered by atmospheric-pressure plasma. Microelectronic Engineering 107 (2013), S. 121–124

[123] Pabst, O., Perelaer, J., Beckert, E., Schubert, U. S., Eberhardt, R. u. Tünnermann, A.: All inkjet-printed piezoelectric polymer actuators: Characterization and applications for micropumps in lab-on-a-chip systems. Organic Electronics 14 (2013) 12, S. 3423–3429

[124] Denneulin, A., Blayo, A., Neuman, C. u. Bras, J.: Infra-red assisted sintering of inkjet printed silver tracks on paper substrates. Journal of Nanoparticle Research 13 (2011) 9, S. 3815–3823

[125] Cherrington, M., Claypole, T. C., Deganello, D., Mabbett, I., Watson, T. u. Worsley, D.: Ultrafast near-infrared sintering of a slot-die coated nano-silver conducting ink. Journal of Materials Chemistry 21 (2011) 21, S. 7562

[126] Tobjörk, D., Aarnio, H., Pulkkinen, P., Bollström, R., Määttänen, A., Ihalainen, P., Mäkelä, T., Peltonen, J., Toivakka, M., Tenhu, H. u. Österbacka, R.: IR-sintering of ink-jet printed metal-nanoparticles on paper. Thin Solid Films 520 (2012) 7, S. 2949–2955

[127] Bollström, R., Määttänen, A., Tobjörk, D., Ihalainen, P., Kaihovirta, N., Österbacka, R., Peltonen, J. u. Toivakka, M.: A multilayer coated fiber-based substrate suitable for printed functionality. Organic Electronics 10 (2009) 5, S. 1020–1023

[128] Ihalainen, P., Määttänen, A., Järnström, J., Tobjörk, D., Österbacka, R. u. Peltonen, J.: Influence of Surface Properties of Coated Papers on Printed Electronics. Industrial & Engineering Chemistry Research 51 (2012) 17, S. 6025–6036

[129] Määttänen, A., Vanamo, U., Ihalainen, P., Pulkkinen, P., Tenhu, H., Bobacka, J. u. Peltonen, J.: A low-cost paper-based inkjet-printed platform for electrochemical analyses. Sensors and Actuators B: Chemical 177 (2013), S. 153–162

[130] Sarfraz, J., Määttänen, A., Ihalainen, P., Keppeler, M., Lindén, M. u. Peltonen, J.: Printed copper acetate based H2S sensor on paper substrate. Sensors and Actuators B: Chemical 173 (2012), S. 868–873

[131] Sarfraz, J., Tobjork, D., Osterbacka, R. u. Linden, M.: Low-cost hydrogen sulfide gas sensor on paper substrates; fabrication and demonstration. IEEE sensors, 2011. 28 - 31 Oct. 2011, Limerick, Ireland ; proceedings ; the Tenth IEEE Sensors Conference 2011. Piscataway, NJ: IEEE 2011

[132] Jahn, S. F., Blaudeck, T., Baumann, R. R., Jakob, A., Ecorchard, P., Rüffer, T., Lang, H. u. Schmidt, P.: Inkjet Printing of Conductive Silver Patterns by Using the First Aqueous Particle-Free MOD Ink without Additional Stabilizing Ligands †. Chemistry of Materials 22 (2010) 10, S. 3067–3071

[133] Jahn, S. F., Jakob, A., Blaudeck, T., Schmidt, P., Lang, H. u. Baumann, R. R.: Inkjet printing of conductive patterns with an aqueous solution of [AgO2C(CH2OCH2)3H] without any additional stabilizing ligands. Thin Solid Films 518 (2010) 12, S. 3218–3222

[134] Agrawal, D.: Microwave Sintering of Ceramics, Composites and Metallic Materials, and Melting of Glasses. Transactions of the Indian Ceramic Society 65 (2006) 3, S. 129–144

[135] Ma, J., Diehl, J. F., Johnson, E. J., Martin, K. R., Miskovsky, N. M., Smith, C. T., Weisel, G. J., Weiss, B. L. u. Zimmerman, D. T.: Erratum: "Systematic study of microwave absorption, heating, and microstructure evolution of porous copper powder metal" [J. Appl. Phys. 101, 074906 (2007)]. Journal of Applied Physics 102 (2007) 10, S. 109902

[136] Perelaer, J., de Gans, B.-J. u. Schubert, U. S.: Ink-jet Printing and Microwave Sintering of Conductive Silver Tracks. Advanced Materials 18 (2006) 16, S. 2101–2104

[137] Dearden, A. L., Smith, P. J., Shin, D.-Y., Reis, N., Derby, B. u. O'Brien, P.: A Low Curing Temperature Silver Ink for Use in Ink-Jet Printing and Subsequent Production of Conductive Tracks. Macromolecular Rapid Communications 26 (2005) 4, S. 315–318

[138] Wünscher, S., Rasp, T., Grouchko, M., Kamyshny, A., Paulus, R. M., Perelaer, J., Kraft, T., Magdassi, S. u. Schubert, U. S.: Simulation and prediction of the thermal sintering behavior for a silver nanoparticle ink based on experimental input. Journal of Materials Chemistry C 2 (2014) 31, S. 6342–6352

[139] Han, W.-S., Hong, J.-M., Kim, H.-S. u. Song, Y.-W.: Multi-pulsed white light sintering of printed Cu nanoinks. Nanotechnology 22 (2011) 39, S. 395705

[140] Schroder, K. A.: Broadcast Photonic Curing of Metallic Nanoparticle Films. 2006 NSTI Nanotechnology Conference and Trade Show - NSTI Nanotech 2006 Technical Proceedings. In: . 2006, S. 198–201

[141] Yoon, Y. H., Yi, S.-M., Yim, J.-R., Lee, J.-H., Rozgonyi, G. u. Joo, Y.-C.: Microstructure and electrical properties of high power laser thermal annealing on inkjet-printed Ag films. Microelectronic Engineering 87 (2010) 11, S. 2230–2233

[142] Lesyuk, R., Jillek, W., Bobitski, Y. u. Kotlyarchuk, B.: Low-energy pulsed laser treatment of silver nanoparticles for interconnects fabrication by ink-jet method. Microelectronic Engineering 88 (2011) 3, S. 318–321

[143] Ko, S. H., Pan, H., Grigoropoulos, C. P., Luscombe, C. K., Fréchet, J. M. J. u. Poulikakos, D.: All-inkjet-printed flexible electronics fabrication on a polymer substrate by low-temperature high-resolution selective laser sintering of metal nanoparticles. Nanotechnology 18 (2007) 34, S. 345202

[144] Kumpulainen, T., Pekkanen, J., Valkama, J., Laakso, J., Tuokko, R. u. Mäntysalo, M.: Low temperature nanoparticle sintering with continuous wave and pulse lasers. Optics & Laser Technology 43 (2011) 3, S. 570–576

[145] Halonen, E., Heinonen, E. u. Mäntysalo, M.: The Effect of Laser Sintering Process Parameters on Cu Nanoparticle Ink in Room Conditions. Optics and Photonics Journal 03 (2013) 04, S. 40–44

[146] 2014-12. *VDI 3405. Additive Fertigungsverfahren - Grundlagen, Begriffe, Verfahrensbeschreibungen*

[147] Keck, J., Freisinger, B., Juric, D., Glaser, K., Volker, M., Eberhardt, W. u. Zimmermann, A.: Low-Temperature Sintering of Nanometal Inks on Polymer Substrates. 2018 13th International Congress Molded Interconnect Devices (MID). 25-26 Sept. 2018. Piscataway, NJ: IEEE 2018, S. 1–7

[148] Maiwald, M.: Untersuchungen zum Einfluss der Mikrostruktur auf die Eigenschaften aerosolgedruckter Sensorstrukturen. Fortschritt-Berichte VDI : Reihe 9, Elektronik, Mikro- und Nanotechnik, Bd. 388. Düsseldorf: VDI-Verl. 2010

[149] Crivello, J. V. u. Dietliker, K.: Photoinitiators for free radical & cationic polymerisation. Wiley/SITA series in surface coatings technology, / ed. by P. K. T. Oldring ; Vol. 3. Chichester: Wiley 1998

[150] Yeo, J., Hong, S., Lee, D., Hotz, N., Lee, M.-T., Grigoropoulos, C. P. u. Ko, S. H.: Next generation non-vacuum, maskless, low temperature nanoparticle ink laser digital direct metal patterning for a large area flexible electronics. PloS one 7 (2012) 8, e42315

[151] Ando, B. u. Baglio, S.: All-Inkjet Printed Strain Sensors. IEEE Sensors Journal 13 (2013) 12, S. 4874–4879

[152] Zhang, Y., Anderson, N., Bland, S., Nutt, S., Jursich, G. u. Joshi, S.: All-printed strain sensors: Building blocks of the aircraft structural health monitoring system. Sensors and Actuators A: Physical 253 (2017), S. 165–172

[153] Renn, M. J., Schrandt, M., Renn, J. u. Feng, J. Q.: Localized Laser Sintering of Metal Nanoparticle Inks Printed with Aerosol Jet® Technology for Flexible Electronics. Journal of Microelectronics and Electronic Packaging 14 (2017) 4, S. 132–139
[154] Integrated Deposition Solutions: Nanojet Principles. https://www.idsnm.com/technologies/, abgerufen am: 30.06.2021
[155] Keck, J., Polzinger, B., Matic, V., Eberhardt, W. u. Zimmermann, A.: Mit Inkjet und Aerosol Jet® gedruckte Sensoren auf 2D- und 3D-Substraten. tm - Technisches Messen 83 (2016) 3
[156] Teijin Film Solution Limited: Teonex Q65HA Data Sheet
[157] Tan, H. W., An, J., Chua, C. K. u. Tran, T.: Metallic Nanoparticle Inks for 3D Printing of Electronics. Advanced Electronic Materials 5 (2019) 5
[158] Liao, K.-H.: Continuous inkjet-patterned and flashlight-sintered strain sensor for in-line off-axis detection in Roll-to-Roll manufacturing. Mechatronics (Oxford) 59 (2019), S. 95–103
[159] Vaithilingam, J., Saleh, E., Wildman, R. D., Hague, R. J. M. u. Tuck, C. J.: Optimisation of Substrate Angles for Multi-material and Multi-functional Inkjet Printing. Scientific reports 8 (2018) 1, S. 9030
[160] Balliu, E., Andersson, H., Engholm, M., Öhlund, T., Nilsson, H.-E. u. Olin, H.: Selective laser sintering of inkjet-printed silver nanoparticle inks on paper substrates to achieve highly conductive patterns. Scientific reports 8 (2018) 1, S. 10408
[161] Roberts, R. C., Zeng, S. u. Tien, N. C.: Design and fabrication of buckled metal strain gauges using shape memory polymer and inkjet additive microfabrication. IEEE SENSORS 2015. November 1-4, 2015, Busan, South Korea : proceedings. Piscataway, NJ: IEEE 2015, S. 1–4
[162] Hartwig, M., Gaitzsch, M., Großmann, T. D., Heinrich, M., Kroll, L., Gessner, T. u. Baumann, R. R.: Investigation on an Inkjet Printed Passive Sensor for Wireless Ice Detection on Wind Rotor Blades. Journal of Imaging Science and Technology 60 (2016) 4, S. 404021–404027
[163] Moya, A., Sowade, E., del Campo, F. J., Mitra, K. Y., Ramon, E., Villa, R., Baumann, R. R. u. Gabriel, G.: All-inkjet-printed dissolved oxygen sensors on flexible plastic substrates. Organic Electronics 39 (2016) Supplement C, S. 168–176
[164] McDonald, M. u. Zhou, Y.: Crosstalk Study of a High Speed Shear Mode Piezo Ink Jet Printhead (1999)
[165] Polzinger, B.: Inkjetdruck von Silberleiterbahnen zur Anwendung als Temperatursensor. Ingenieurwissenschaften. München: Verlag Dr. Hut 2018
[166] Sowade, E., Ramon, E., Mitra, K. Y., Martínez-Domingo, C., Pedró, M., Pallarès, J., Loffredo, F., Villani, F., Gomes, H. L., Terés, L. u. Baumann, R. R.: All-inkjet-printed thin-film transistors. Manufacturing process reliability by root cause analysis. Scientific reports 6 (2016), S. 33490

MIX
Papier | Fördert gute Waldnutzung
FSC® C083411

Zeitfracht Medien GmbH
Ferdinand-Jühlke-Straße 7
99095 Erfurt, Deutschland
produktsicherheit@kolibri360.de